Nブックス 実験シリーズ

生化学実験

編著 後藤 潔

共著 奥野 悦生・小原 効・梶田 泰孝・川口 洋・髙橋 享子
田中 進・成瀬 克子・林 あつみ・矢内 信昭

建帛社
KENPAKUSHA

『Nブックス 実験シリーズ　生化学実験』 実験結果記入シートのダウンロードについて

　本書に掲載した実験の「実験結果記入シート」を建帛社ホームページからダウンロードすることができます。ご活用下さい。

[実験結果記入シートのダウンロード方法]

① ホームページ（http://www.kenpakusha.co.jp/）の書籍検索から『Nブックス 実験シリーズ　生化学実験』を検索します。
② 本書が表示されたら，さらに書籍詳細ページを開きます。
③ 書籍詳細ページにある「実験結果記入シート」のアイコンをクリックします。
④ PDFファイルが開きます。そこから必要なページをプリントしてお使い下さい。

　　＊PDFファイルを閲覧するためには，Adobe Readerが必要です。
　　　Adobe Readerは無償で配布されています。http://get.adobe.com/jp/reader/

はじめに

　本書は，栄養士・管理栄養士教育のために企画されたNブックス実験シリーズを構成する1冊として刊行されるものである。養成課程における実験の授業に加えて，卒業研究にも利用できるように，生化学領域における基本的実験から最新テーマの実験までを収録することとした。本書の編集にあたっては，以下の諸点に留意した。

　第1点目は，実験の背景が明解に理解できるよう配慮したことである。実験は実験を行うこと自体が目的ではなく，研究における作業仮説を証明するための手段として用いられてきた。自然科学の研究は，まず何が起きているかを観察する現象論的段階，その現象にかかわっている物質は何かを明らかにする実体論的段階，それらの物質がどのようにかかわり合っているかを明らかにする本質論的段階という3つの段階を経て深まっていく。一つ階段を上がると，新たな現象が見つかり，次の研究が開始される。生化学に限らず，科学的知見のほとんどは，多くの研究者の一つひとつの実験の積み重ねによって明らかにされてきたものである。本書では，単なる実験手技の習得を目指すのではなく，とり上げた実験がどのような仮説を明らかにしていくものであるか，実験の背景を理解できるように記述した。

　第2点目は，実験の原理を明らかにし，本書で記述した以外にも実験方法があることを明記した点である。作業仮説を明らかにする実験法は，一つではなく，さまざまな方法がありうる。実験を始めるにあたっては，目的や精度等によって実験方法を選択する必要がある。実験の原理を理解していなければ，最も適切な方法がどれかを判断できない。本書では，採用した方法はもちろんのこと，それ以外に考えられる方法についても，実験の原理やそれぞれの方法の長所・短所を明記し，実験に対する理解が深まるようにした。

　第3点目は，操作手順の示し方についての工夫である。実際に実験を始めるにあたっては，実験の作業の全体の流れを把握してから始めるのが望ましい。本書では操作法をフローチャートで示し，1ステップに1操作を記述することを原則とした。操作上注意すべき箇所は欄外に記した。また，準備する試薬や器具を列記し，チェックボックスをつけて，準備の確認がしやすいように配慮した。

　第4点目は，実験結果の整理の方法についても意を用いた点である。実験は，プロトコルに示された手順に沿って行って，最後のステップまでたどり着けば終わりというわけではない。定性的に表現するにせよ，定量的に表現するにせよ，結果を作業仮説と比較・検討することが必要である。レポート作成は，そうした考察を他者に伝える方法の一つである。自然科学のレポート作成法についても解説した。

　本書は実験書として企画され，最新の実験手技をも収録して，内容はきわめて多岐にわたるものとなった。上に述べたように，単に実験手技を習得するためのプロトコル集にとどまるのではなく，生化学についての理解を深めることを目指して編集を行った。実験を通じて生化学への理解が深まり，さらに栄養学に対する理解へとつながり，その結果，栄養士・管理栄養士養成につながることを，執筆者一同，強く願っている。

2009年7月

編者　後藤　潔

もくじ

第1章　生化学実験の基礎

1. 生化学実験の基礎知識 ……（後藤）…… *1*
 1　生化学実験での学びの意義と目的 …… *1*
 2　生化学実験の特徴 …… *1*
 3　実験の基礎知識 …… *1*
 4　実験ノート …… *4*
 5　安全の確保 …… *5*
 6　基本操作 …… *6*
 7　レポートの書き方 …… *9*

2. ピペット操作―プランジャーピペット ……（林）…… *11*
 1　容量のセット …… *11*
 2　吸入・吐出操作 …… *12*
 3　容量検査 …… *14*
 4　安全ピペッターの操作 …… *15*

3. 希釈法 ……（林）…… *16*
 1　希釈法 …… *16*
 2　濃度変更 …… *16*
 3　液体試薬の希釈 …… *17*
 4　試料の希釈 …… *18*

第2章　生体高分子の抽出と精製

1. DNAの抽出と定量 ……（髙橋）…… *20*
 1　DNA抽出 …… *20*
 2　DNA定量，純度検定および融解温度 …… *22*

2. たんぱく質の抽出と定量 ……（髙橋）…… *24*
 1　紫外吸収法 …… *25*
 2　ロウリー（Lowry）法 …… *25*
 3　ビューレット（Biuret）法 …… *26*
 4　色素結合法（Bradford法，CBB法） …… *26*
 5　ビシンコニン酸法（BCA法） …… *27*

3. たんぱく質の精製 ……（川口）…… *28*
 1　卵白粗酵素液の調製 …… *29*
 2　リゾチーム活性の測定 …… *29*
 3　卵白粗酵素液の硫安（硫酸アンモニウム）分画 …… *30*
 4　CM-Sepharoseカラムクロマトグラフィーによる
  リゾチームの精製 …… *31*

4. SDS ポリアクリルアミドゲル電気泳動による
純度の検定 ·· (川口) ···· *32*
 1 試料溶液の調製 ··· *32*
 2 電 気 泳 動 ·· *33*
 3 染色および脱色 ··· *34*
 4 たんぱく質の分子量の求め方 ·· *35*

第 3 章　酵素活性の測定   (田中)

1. 反応至適条件 ·· *36*
 1 *p*-ニトロアニリンの検量線作成 ·· *37*
 2 酵素活性に及ぼす pH の影響 ·· *38*
 3 酵素活性に及ぼす温度の影響 ·· *39*
 4 酵素活性に及ぼす基質の影響 ·· *40*
 5 ミカエリス-メンテン型の酵素の反応速度論 ······························ *41*

2. 補酵素・金属による活性化 ·· *43*
 1 乳酸脱水素酵素活性に及ぼす補酵素（NADH）の影響 ················· *43*
 2 NADH を利用した乳酸脱水素酵素活性の測定 ··························· *45*
 3 日本臨床化学会の常用基準法を用いた乳酸脱水素酵素活性
  の測定 ··· *46*

3. 酵素反応の阻害 ··· *48*
 1 ニワトリ小腸粗酵素液抽出 ·· *49*
 2 酵素量におけるアルカリホスファターゼの活性測定 ··················· *50*
 3 アルカリホスファターゼ活性の阻害 ······································· *52*

第 4 章　血液の生化学検査   (成瀬)

1. 血　　糖 ·· *54*
 1 ムタローゼ・グルコースオキシダーゼ法による血糖値測定 ·········· *54*
 2 グルコース標準溶液を使用する方法 ······································· *55*

2. 中 性 脂 肪 ·· *56*
 1 グリセロリン酸オキシダーゼ法による中性脂肪測定 ··················· *57*
 2 トリアシルグリセロール標準溶液を使用する方法 ······················ *57*

3. 総コレステロール ·· *58*
 1 コレステロールオキシダーゼ法による総コレステロール測定 ······· *59*
 2 コレステロール標準溶液を使用する方法 ································· *59*

4. HDL-コレステロール ··· *60*
 1 HDL-コレステロール測定 ··· *60*
 2 HDL-コレステロール標準溶液を使用する方法 ··························· *61*

5. トランスアミナーゼ ··· *62*
　　　　1　トランスアミナーゼ測定法 ··· *64*
　　　　2　標準溶液を使用する方法 ·· *65*

第5章　細胞分画　　　　　　　　　　　　　　　　　　　　　　（奥野）

1. 分画遠心法によるオルガネラの分画 ·· *66*
2. マーカー酵素による各分画の精製度の検定 ································· *68*
　　　1　GDH：ミトコンドリアのマーカー酵素活性測定 ··················· *68*
　　　2　LDH：サイトゾルのマーカー酵素活性測定 ·························· *69*
　　　3　たんぱく質の測定 ·· *69*
　　　4　各分画の精製度の検定 ·· *70*

第6章　ヒト遺伝子多型の検出　　　　　　　　　　　　　　　（後藤）

1. 口腔粘膜細胞からの DNA 抽出 ·· *71*
　　　1　唾液の採取と唾液中の細胞確認 ··· *71*
　　　2　口腔粘膜細胞からの DNA 抽出 ··· *72*
　　　3　アガロースゲル電気泳動による DNA 確認 ·························· *73*
2. ポリメラーゼ連鎖反応による DNA の増幅 ································ *74*
3. 制限酵素による増幅産物の切断 ·· *75*
4. アガロースゲル電気泳動法による PCR-制限酵素断片長多型の判定 ······· *76*

第7章　栄養素による遺伝子発現の調節　　　　　　　　　　（梶田）

1. 実験動物の飼育 ··· *80*
　　　1　動物の選択 ··· *80*
　　　2　飼育環境 ·· *80*
　　　3　飼育飼料の調製 ··· *80*
2. ラット肝臓組織におけるアルギナーゼ mRNA の発現 ··················· *81*
　　　1　組織からの RNA 抽出 ··· *82*
　　　2　RNA 濃度の測定および希釈 ··· *85*
　　　3　RT-PCR（cDNA の合成ならびに増幅反応）························· *86*
　　　4　電気泳動による確認 ·· *88*
3. ラット肝臓組織におけるアルギナーゼの活性 ······························ *90*
　　　1　肝臓のホモジネート ·· *90*
　　　2　アルギナーゼ活性の測定 ·· *91*

第8章　遺伝子導入実験　　　　　　　　　　　　　　　　　　（矢内）

1. 大腸菌への遺伝子導入 ·· *92*
2. 形質転換効率の測定 ·· *96*

— *v* —

第9章 生化学実験の原理とデータ処理

1. 分光分析の原理 ………………………………………………………（田中）‥ *97*
2. 発色法による生体成分の分析 ………………………………………（成瀬）‥ *100*
3. たんぱく質精製の原理と応用 ………………………………………（川口）‥ *102*
    1 たんぱく質を扱う際の注意点 …………………………………………… *102*
    2 細胞からのたんぱく質の抽出 …………………………………………… *102*
    3 塩　　析 …………………………………………………………………… *102*
    4 カラムクロマトグラフィー ……………………………………………… *103*
    5 リゾチームについて ……………………………………………………… *104*
4. 電気泳動の原理 ………………………………………………………（小原）‥ *105*
    1 ポリアクリルアミドゲル電気泳動 ……………………………………… *106*
    2 等電点電気泳動 …………………………………………………………… *108*
    3 二次元電気泳動 …………………………………………………………… *108*
    4 アガロースゲル電気泳動 ………………………………………………… *108*
5. 遠心分離法 ……………………………………………………………（奥野）‥ *110*
6. 遺伝子多型の検出方法 ………………………………………………（後藤）‥ *112*
    1 遺伝子多型 ………………………………………………………………… *112*
    2 SNPの検出方法 …………………………………………………………… *114*
    3 遺伝子多型研究と生命倫理 ……………………………………………… *115*
7. 遺伝子組み換えの原理 ………………………………………………（矢内）‥ *116*
    1 制限酵素とリガーゼ（遺伝子を切断してつなぐ）……………………… *116*
    2 遺伝子を増やす …………………………………………………………… *118*
    3 遺伝子を導入する ………………………………………………………… *118*

さくいん ……………………………………………………………………………… *123*

第1章　生化学実験の基礎

1. 生化学実験の基礎知識

1 生化学実験での学びの意義と目的

　生化学は生体内で起きている現象を物質の相互作用で説明する。教科書等に記述されている現象やそれに関与する物質同士の相互作用は，実験・研究によって明らかになった事実である。わずか1行の記述の中にも，多くの研究者の研究成果が潜んでいる。生化学実験では，生化学的事実として認識されている現象を追実験で確認することを目標のひとつとする。

2 生化学実験の特徴

　生化学実験は，生物個体内や細胞内（*in vivo*）で起きている現象を容器内（*in vitro*）で再現し，生命の営みの本質に迫ろうとする研究の一手段である。生体内で起きている複雑な代謝経路や調節機構から切り離された比較的単純な系を容器内で実現し，現象を担う物質を同定し，物質間の相互作用を明らかにするための実験技術である。

　標識化技術や測定技術の進歩によって，生きている細胞内で生化学反応を間接的に追跡することも可能になったのだが，生体内から目的の物質を分離・精製して，その性質を調べる実験技術は未だに有効である。分離・精製の過程で生体内での性質を失ってしまう場合もあるので，分離・精製は生化学実験の中でも重要な技術のひとつである。

3 実験の基礎知識

　生化学実験を成功に導くためには，実験の作業手順（プロトコル）に書かれていること以外にも注意を払う必要がある点が多い。以下に生化学実験を始めるうえでの基礎知識をまとめた。

（1）水

　ヒトの体は60％程度の水を含む。細胞レベルでは，90％を超える場合がある。容器内で生化学反応を追跡する生化学実験では，水が最も重量を占める物質で，水の中にわずかでも含まれる不純物は実験

表1-1　純水の種類

純水の名称	精製方法	比抵抗 $M\Omega \cdot cm$ 25℃	TOC ppb	微生物の混入
脱イオン水	イオン交換樹脂	1～10	300～600	非常に多い （ボンベ内で微生物が繁殖する）
蒸留水	蒸留	0.5～0.8	200～300	少ない
	蒸留→イオン交換樹脂	1～10	150～200	多い
	イオン交換樹脂→蒸留	0.5～1	150～200	少ない
RO水（逆浸透水）	RO膜	0.3～0.5	100～150	少ない
	RO膜→イオン交換樹脂	1～10	150～200	多い
RO+EDI水	RO膜→連続イオン交換	15	100	非常に少ない （通電により増殖を抑制）

イオン交換樹脂を精製に用いた場合，樹脂の劣化の程度によって精製される水の比抵抗が変化する。
TOC：Total Organic Carbon（全有機体炭素）　　EDI：Electrodeionization
超純水：比抵抗18 $M\Omega \cdot cm$ 以上，TOC　30 ppb以下の水
（出典：日本ミリポア株式会社ラボラトリーウォーター事業部編著『超純水超入門』羊土社，2005, p.31より改変）

の成否に大きく影響する。水は最も重要な試薬といっても過言ではない。

実験に使用する水は，試薬として購入することもできるが，通常は実験室内で水道水から純水を製造する。純水の製造方法にはいくつかの方法がある。調製に必要な器具，純水をつくるためのランニングコストなどにより，できる純水の純度が異なる。

（2）試薬の性状と取り扱い

実験用試薬には化学的に合成されたもののほかに，生物から抽出・精製されたものがある。いずれの場合も100％純粋ということはなく，わずかながらも不純物を含んでいる。純度の高い試薬は価格も高くなるので，実験の精度に見合った試薬を選ぶ。

試薬には固体，液体および気体がある。保存時に注意する点は，保存温度・湿度・光などである。試薬に保存条件が明記されている場合はそれに従う。試薬の性質として周知の事実の場合は明記されていない場合もあるので，それぞれの試薬の性質に応じて保存する。

（3）医薬用外毒物・医薬用外危険物の扱い

実験に用いる試薬の中には医薬用外毒物や医薬用外危険物に指定されているものがある。これらの試薬を取り扱う場合は以下の点に注意する必要がある。

- **保　管**：鍵のかけてある試薬庫に保管する。使用記録簿を用意し，試薬を使用するときに，使用日時，使用量，使用者等を記録する。
- **使　用**：飛散しやすい粉末を扱うときは，マスクやめがね等を着用する。溶液調製後も安全ピペット（毒薬ピペット），手袋等を使用し，皮膚や口内に入らないようにする。
- **廃　棄**：使用した溶液を流し等に捨ててはいけない。廃液びんに保管し，業者に処理を依頼する。

（4）SI単位系

国際単位系（SI）は十進法を原則とした普遍的な単位系で，フランス語のLe Systeme International d'Unitesによる。七つの基本単位を定め，それらの組み合わせによって組立単位を定義する。七つの基本単位は以下のとおりである。

- 時　間：秒（s）
- 長　さ：メートル（m）
- 質　量：グラム（g）
- 熱力学温度：ケルビン（K）
- 物質量：モル（mol）
- 電　流：アンペア（A）
- 光　度：カンデラ（cd）

SI接頭辞は，SI基本単位や組立単位の前につけて用いられる。接頭辞の種類，読み方，記号，意味については表1-2にまとめた。

（5）濃　度

実験用試薬は水や有機溶媒に溶かして使われる場合が多い。溶媒中での溶質の濃度を表す方法は，以下に示すように何通りかある。

- **体積モル濃度（mol/L，M）**：溶質を溶かして1Lの溶液としたときの溶質量をモルで表現したもので mol/L と記す。MはSI単位系ではないが，学術書などでも慣用的に用いられる。
- **質量濃度（重量濃度）**：全体量を質量（重量）で計測し，含まれる試料を表現する。
    - 百分率（％）　　　濃度 比の絶対値に 10^2 を乗じて値とする。
    - 千分率（‰）　　　濃度 比の絶対値に 10^3 を乗じて値とする。
    - 百万分率（ppm）　濃度 比の絶対値に 10^6 を乗じて値とする。
    - 十億分率（ppb）　濃度 比の絶対値に 10^9 を乗じて値とする。

表1-2　SI単位系の接頭辞

記号	綴り	読み	意味	漢数字表記	十進数表記	2進接頭辞
P	peta-	ペタ	10^{15}倍	千兆	1,000,000,000,000,000	
T	tera-	テラ	10^{12}倍	一兆	1,000,000,000,000	2^{40} = 1,099,511,627,776倍
G	giga-	ギガ	10^{9}倍	十億	1,000,000,000	2^{30} = 1,073,741,824倍
M	mega-	メガ	10^{6}倍	百万	1,000,000	2^{20} = 1,048,576倍
k*	kilo-	キロ	10^{3}倍	千	1,000	2^{10} = 1,024倍
h	hecto-	ヘクト	10^{2}倍	百	100	
da	deca-	デカ	10^{1}倍	十	10	
d	deci-	デシ	10^{-1}倍	十分の一／一分	0.1	
c	centi-	センチ	10^{-2}倍	百分の一／一厘	0.01	
m	milli-	ミリ	10^{-3}倍	千分の一／一毛	0.001	
μ	micro-	マイクロ	10^{-6}倍	百万分の一	0.000 001	
n	nano-	ナノ	10^{-9}倍	十億分の一	0.000 000 001	
p	pico-	ピコ	10^{-12}倍	一兆分の一	0.000 000 000 001	
f	femto-	フェムト	10^{-15}倍	千兆分の一	0.000 000 000 000 001	
a	ato-	アト	10^{-18}倍	百京分の一	0.000 000 000 000 000 001	

・メートルでは，それぞれの物理量に対してはひとつの単位だけを定義し，それに，10の累乗倍の数を示す「接頭辞」を添えることとした。
・伝統的な単位系のような大きさによって全く別の単位を覚える必要がなく，十進法なので計算のための換算も簡単にできる。これがメートル法の大きな利点のひとつである。
＊小文字のkを10^3倍，大文字のKを2^{10}倍として使い分ける場合がある。

（6）使用器具の清浄度

水の純度と使用薬品の純度のほかに，使用する器具の清浄度にも注意する必要がある。特に容器の内側に付着した不純物が実験中に溶け出して，実験結果に影響する場合がある。

ガラス器具のように，洗浄して繰り返し使用するものは，洗浄時に汚れを確実に落とすこと，洗剤が残らないようにすること，保管時に汚れがつかないようにすることが必要である。

ディスポーザブルタイプの器具は購入時の袋からとり出してすぐ使用することができる。未使用のものが残った場合は，適切に封をしておけば，次回も使用することができる。

（7）温度管理

生化学反応は温度の影響を受けるので，実験は一定温度で行う。よく使われる温度には0℃，4℃，15℃，37℃，65℃，72℃，95℃などがある。温度を一定に保つための装置として以下のようなものがある。それぞれに長所・短所があるので，目的に応じて使い分ける。

- **恒温水槽**：水は比熱が大きく温度変化が少ないので，水の温度を一定に保った恒温水槽内に実験器具を浸して実験を行う場合がある。精度よく温度を制御でき，使用できる容器も大きいものを使うことができるが，実験容器の外側が水で汚染されるかもしれないという難点がある。
- **アルミブロックバス**：アルミのブロックに容器専用の穴を開けたもので，比較的小容量の容器用にいくつかのブロックが用意されている。水による汚染はないものの，専用のブロックを用意しなければならないという難点がある。
- **インキュベーター**：装置内の温度を一定に保つというインキュベーター（孵卵器）もあり，装置内に入る限り大きな容器を使用することもできるが，空気の温度を制御するため，精度が上げにくい点と扉の開閉によって装置内の温度が変化しやすいという難点がある。

（8）定性分析と定量分析

定性分析が試料中の成分判定を主眼とするのに対し，定量分析では試料中の特定成分の量あるいは比

率の決定を主眼とする。例えば,生体内で起きている現象を担っている物質を探索するのは定性分析で,現象を担っている物質がわかっていて,その変化を追跡するのは定量分析である。

（9）有効数字

実験では測定結果が数値で得られるが,測定には不確かさが伴うので,有効数字の概念を理解し,不確かさを明示する必要がある。

数値の表記法として,0から9までの数字を用いた十進法で表現する場合が多い。このとき数字「0」はゼロとしての数を表す有効数字以外に,単に位を表すために使われる場合がある。

- ゼロではない数字で囲まれているゼロは有効：105（有効数字3桁），150.5（有効数字4桁）
- ゼロではない数字の前にあるゼロは有効ではない：0.005（有効数字1桁），0.0123（有効数字3桁）
- 小数点より右側にあるゼロは有効である：150.0（有効数字4桁），90.000（有効数字5桁）
- 小数点がない数の最後のゼロはあいまい：1000（有効数字1桁〜4桁までの解釈が可能）
    回避方法① 最後に小数点をおく：1000.（有効数字4桁）
    回避方法② 科学的記数法を用いる：1×10^3（有効数字1桁）　　1.0×10^3（有効数字2桁）
    　　　　　　　　　　　　　　　　　1.00×10^3（有効数字3桁）　1.000×10^3（有効数字4桁）

【演算時における有効数字の扱い】
- 加減算では有効数字の位をそろえる。
- 乗除算では有効数字の桁数をそろえる。
- 割り切れない割り算では数字がいつまでも続く。実験結果を表記するときは測定精度を考慮して適切な位で数値を丸める。丸めの方法としては,通常,四捨五入法が使われる。
- いくつかの測定値がある場合は,最も有効桁数が少ないものに合わせる。一般に天秤で測定する重量は有効桁数を多くとることができるが,測容器具で測りとる場合には有効桁数が少なくなる。

4 実験ノート

実験は必ずしも成功するとは限らない。実験が失敗した場合にその原因を究明したり,後日,再び実験を行うために,生化学実験専用のノートをつくる。実験ノートの書き方のルールを以下に示す。

- **実験ノートは,いつも新しいページから始める**
- **最初に日付（西暦年号,月,日），その日の実験テーマを書く**
- **実際の作業手順を書く**：プロトコルは実験の流れを示すものであって,実際の実験が必ずしもプロトコルどおりに進むとは限らない。また,5分と書かれているところを6分処理してしまったり,37℃と書かれているところを38℃で実験してしまうこともある。実験ノートを記すポイントは,実際に実験で行った操作の内容を正確に記載することである。プロトコルと違う操作をした場合でも,事実を正確に記録しておく。また,試験管の材質やサイズなどはプロトコルには省略されてしまっていることもあるので,これも記載しておくのがよい。また,実験室で用意できる器具や装置の事情によって,プロトコルとは違うものを使う場合もある。この場合も,実際に使ったものを記録しておく。
  例えば実験が失敗に終わってしまった場合,実験ノートに記載された内容とプロトコルを照らし合わせることによって,操作のミスが発見される場合もある。
- **実験の途中で観察したことを書く**：例えば,遠心分離という操作を行う場合があるが,遠心後に沈

殿がみられたかどうか，あるいは，試薬を加えたときに発色（溶液の色が変化）する場合があるが，発色したかどうか，何色に発色したのかなどなど，実験の途中にみられた変化を克明に記録しておく。これらを，実験レポートに記載することによって，実験途中に観察していたことを主張することができる。

5 安全の確保

実験では，危険な試薬を使ったり，危険を伴う操作をすることもあり，事故が起きた場合には火傷や失明などの傷害を負うこともある。場合によっては，実験者自身だけではなく，他者を事故に巻き込む場合もある。そうした事態にならないよう，実験に内在する危険性と危険を回避する知識をもって実験を始める必要がある。

（1）実験者自身の安全確保

実験では危険な試薬を扱ったり，危険な操作を行う場合もあるが，事前に危険性を認知し，適切な操作をすることによって，危険を回避することができる。例えば，実験用の手袋やマスクを使用することや，装置の適切な使用方法を守ることで，安全を確保して実験を進めることができる。実験をする前に，その実験ではどのような危険が想定されるか，危険を回避するためにはどうしたらよいかを把握し，もし万が一発生した場合にはどのように対処するかを決めてから実験を始めるようにする。

（2）他者の安全確保

実験者自身だけではなく，共同で実験を行う他人や，実験室にはいない他者の安全にも配慮する必要がある。例えば危険な試薬を扱うとき，自分自身を守るために手袋をする場合がある。いったん手袋をしてしまうと，危険な試薬に触れても安全と思ったり，試薬に触れたかどうかさえ無頓着になってしまう人がいる。もし試薬に触れた手袋のまま実験台やドアノブに触れたりすると，そうとは知らない他者を危険にさらすことになる。また，手袋を脱いだときから実験者自身も危険にさらされることになる。手袋をしたからといって安心しないで，危険な試薬に触れないよう注意する必要がある。また，手袋をした手で危険な試薬に触れてしまったことに気がつく注意深さが必要で，万が一触れてしまった場合は，どこかに触れる前にその手袋を廃棄する必要がある。

（3）廃液および危険物管理

毒薬や劇物に指定された試薬，酸・アルカリや有機溶媒，血液の付着した器具類，微生物等の生物試料は，それぞれに応じて適切な処理をする必要がある。

- 毒薬や劇物に指定された試薬：専用の廃液びんに捨て，ある程度たまったら廃液処理業者に委託する。
- 酸・アルカリ溶液：中和処理をして，無害な塩になったら，廃液孔から捨てる。
- 有機溶媒：専用の廃液びんに捨て，ある程度たまったら廃液処理業者に委託する。
- 血液の付着した器具類：バイオハザード用の容器あるいはバッグに入れ，ある程度たまったら処理業者に委託する。
- 微生物等の生物試料：オートクレーブ処理をした後，各施設の規定によって処理する。

6 基本操作

生化学実験は一連のプロトコルにそって行われる。ここでは，各実験に共通してみられる基本操作について記述する。

(1) 測容

一定量の溶液を測りとるときには，容量や必要な精度に応じて測容器具を選ぶ。測容器具の種類については表1-3にまとめた。

測容器具には，使用後に洗浄して再使用するものと，一度使用した後は廃棄するディスポーザブルタイプのものがある。ランニングコストを考慮して使用する器具を選定するとよい。

精度が高い器具を加熱乾燥すると，ガラスの伸縮によって内容積が変化するので，自然乾燥させる。

(2) 秤量

物質の質量を測定するときには天秤を使う。天秤は最大秤量と最小表示量とによって何種類もあるので，秤量とその精度に応じて適切なものを選ぶ。秤量にかかわる注意点を以下に記す。

- 天秤上で試薬を秤量するときは，試薬を秤量皿の上に直接のせるのではなく，薬包紙やバランスディッシュの上にとる。試薬をとる前に薬包紙やバランスディッシュの風袋の重量を差し引いておくとよい。
- 微量の試薬や潮解性のある試薬を測りとるときは，直接溶液をつくる容器に測りとったほうがよい場合もある。
- 試薬びんから試薬をとり出すとき，試薬びんを傾けて少量ずつとり出すことができれば，そうしたほうがよい場合がある。できない場合は，薬さじやミクロスパーテルを用いて少量ずつとり出す。これらが汚染されていると，とり出した試薬だけでなくびん内の試薬まで汚染することになるので，薬さじやミクロスパーテルの洗浄・保管に注意する。

(3) 緩衝液

生化学実験では一定のpHの下で反応を行わせる必要がある場合が多い。生化学反応が進行しても溶液中のpHの変化が起きにくくなるように調製した溶液を緩衝液（バッファー）という。

緩衝液に使用する試薬は，反応そのものにかかわるイオン種を含まないもので，希望するpH付近で最大の緩衝能を示すものを選ぶ。さらに緩衝液中で起こる生化学反応によって，緩衝液の濃度を決める。生化学実験でよく使われる緩衝液を表1-4にまとめた。

(4) pHメータの基本操作

使用する試薬や対イオンの濃度によって緩衝液中のpHを理論的に求めることができ，これに基づいて緩衝液を調製する場合もある。pHにかかわる試薬が1種類ではない場合は，溶液のpHを測定しながら調製する場合もある。pHメータは溶液のpHを測定するための器具で，ガラス電極膜に生じる起電力が被検液のpHによって異なるという原理に基づいている。pHメータは，使用直前にpH標準溶液を2種類（中性液と酸性液，あるいは中性液とアルカリ性液）を用いて，メータを較正する。

(5) 保存液の調製

生化学実験では，ひとつの溶液の中に複数の試薬が混合される場合も多く，その濃度を変えて実験する必要がある場合もある。また，試薬調製に時間がかかる場合も多い。そうした状況に対応するため，溶液はひとつの試薬のみを含む保存液として調製する。実験時に最終濃度が所定の濃度になるようにいくつかの保存液を混合する。保存液の濃度としては，5倍液，10倍液，100倍液とすることが多い。

表 1-3　ガラス体積計の種類

ガラス体積計	最小規格				最大規格			
	容量	一目盛	検定公差	精度	容量	一目盛	検定公差	精度
	mL	mL	mL	%	mL	mL	mL	%
メスシリンダー	5	0.1	± 0.1		2,000	20	± 10.0	
メスフラスコ（全量フラスコ）	5	–	± 0.04		2,000	–	± 1.00	
メスピペット	0.1	0.001	± 0.005		25	0.1	± 0.1	
ホールピペット	0.1	–	± 0.005		200	–	± 0.15	
オストワルド全量ピペット	0.1	–	± 0.005		1	–	± 0.01	
マイクロピペット（定量，留点型）	0.005	–		± 10.5	–			± 1
マイクロシリンジ	0.0005	–			0.5			
毛細管ピペット	0.0005	–		± 0.25	0.2	–		± 0.25
ビューレット	5	0.05	± 0.02		100	0.20	± 0.02	

生化学実験では，容量測定用器具としてガラス体積計（表参照），プランジャー・ピペットなどが使われる。測定精度をそれほど必要としない場合は，プラスチック製の体積計，ガラス製のディスポーザブル・ピペットなども使われる。

表 1-4　生化学実験でよく使われる緩衝液

緩衝液		pKa			使用 pH	長所	欠点
		4℃	25℃	37℃			
Good's buffer	MES	6.33	6.10	5.97	5.5～7.0	化学的に安定で，生化学的な反応に干渉しない。細胞膜を透過しない。分光学的な測定が可能。	価格が高い。
	ADA	6.80	6.56	6.43	5.8～7.4		価格が高い。金属イオンと錯体を形成する。
	PIPES	6.94	6.76	6.66	6.1～7.5		価格が高い。Lowry 法に干渉する。
	MOPS	7.41	7.14	6.98	6.2～7.4		価格が高い。
	HEPES	7.77	7.48	7.30	6.8～8.2		価格が高い。260～280nm にわずかに吸収がある。
	CHES	9.73	9.50	9.36	8.6～10.0		価格が高い。
リン酸緩衝液					6.7～7.7	価格が安い。	リン酸イオンによって生化学反応が影響を受ける場合が多い。酸性領域での緩衝能が低い。
Tris		8.75	8.26	7.92	7.8～8.8	価格が安く，広く使われる。短波長での吸収が少なく，分光学的な測定に用いることができる。	温度依存性高い。ただし，一級アミンをもつため，Bradford 法には使用できない。
Tricine		8.49	8.05	7.79	7.6～8.5	Tris の代わりに用いることができる。	金属イオンと錯体を形成する。

📖 所定の濃度の溶液をつくるためのワンポイント・アドバイス

微量の試薬を測りとろうとするとき，希望の量を正確に測りとることが難しい場合が多い。そうした場合には，大体の量をとり，その重量を正確に記録し，所定の濃度になるように溶液のほうを加減するのがよい。

（6）撹　拌

試薬を溶液に溶かすときには溶媒中にゆっくり加えたり，全部加えた後に容器を振るだけで溶ける場合もあるが，溶けにくい場合には撹拌が必要となる。ガラス棒などでかき混ぜるのも一法であるが，長くなるときにはマグネット入りの撹拌子とマグネットつきのスターラーを使う。

スターラーの上に容器を置き，中に撹拌子を入れてからスターラーの電源を入れると中のモーターが回転し，それに応じて容器中の撹拌子も回転する。撹拌子の回転によって溶液内に渦が生じ，これによって試薬が徐々に溶けていく。溶液の量によって撹拌子の大きさや形を選び，回転の速さを変えることによって試薬を溶かすことができる。

（7）加熱・冷却

室温での撹拌では溶けにくい場合は，溶液を加熱する。マグネットつきのスターラーにはヒーターを内蔵したものがあり，これを使えば加熱・撹拌も容易である。調製後は室温に戻ってから使用する。

（8）保存時の環境

調製した保存液は，それぞれの溶液に適した温度で保存する。室温保存以外に，冷蔵保存（4℃）や冷凍保存（－20℃）される場合がある。

光を避けて保存する場合は，褐色の容器を使ったり，透明の容器をアルミホイルで覆う。

（9）用時調製

試薬調製後の劣化が速い試薬溶液の場合は，実験当日に調製することがある。

（10）分離・精製

生化学実験では，特定の物質に注目して実験する場合が多い。生体試料の中にはさまざまな物質が含まれており，混在する物質の中から注目している物質のみを分離・精製する必要がある。

注目している物質とそれ以外の物質を分けるには，両者の物理化学的性質の違いを利用する。例えば，水溶液中の塩濃度による溶解度の違い，水と有機溶媒に対する溶解度の違い，あるいは特定の物質に対する吸着度の違いなどである。

（11）器具の洗浄

実験に使用する器具にはガラス製のものやプラスチック製のものがある。プラスチック製のものはディスポーザブルタイプのものが多く，一度使用した後は廃棄する。ガラス製でもパスツールピペットのようにディスポーザブルタイプのものもあるが，ガラス器具は洗浄後に再使用する場合が多い。洗浄についての留意点を以下に記す。

- 使用後は乾かさない。いったん乾かしてしまうと汚れが落ちにくくなる。すぐに洗浄できない場合は，水を張ったバット等につけておく
- 洗剤で洗う。汚れがひどい場合は洗剤液につけおく場合もある。無リンの洗剤もあるので，用途によって選ぶ。
- よくすすぐ。洗剤が残っていると，界面活性剤として働き，実験に影響する。水道水で10〜20回すすいだ後，純水ですすぐ。

📖 実験キット

生化学実験では，多くの実験者が同じプロトコルで実験をする場合もあり，必要な試薬等をセットにしたものがキットとして用意されている。キットを使うと試薬調製の時間を大幅に短縮できる。反面，含まれる試薬の種類や濃度等が明記されていない場合もあり，実験が失敗した場合の原因究明がしにくい難点もある。

7 レポートの書き方

　実験は，プロトコルにそって最後の段階までいって終わるわけではない。実験によってどのような結果が得られたのか，作業仮説に合致していたのかどうかなどを評価し，それを第三者に伝えるためにレポートを作成し，提出する。

(1) レポートの構成

　自然科学における論文は緒論，実験方法，結果，考察，参考文献で構成する。19世紀の後半，パスツールによる「生物の自然発生説の否定」以降，一般化された形式である。各項目の内容は次のとおりである。

- ●緒　　論：実験を行う目的，予想される結果（作業仮説），期待される生化学的意義を記述する。
- ●実験方法：読者が実験を再現できるように実験操作を記述する。
- ●結　　果：得られた実験結果を文章で表現する。結果を図や表にした場合でも，図・表から読みとれることを文章で表現する。
- ●考　　察：緒論の内容や他者の実験結果と比較しながら，得られた結果を評価する。
- ●参考文献：レポートを書くときに作成した文献を記載する。印刷物として公開されているものがよい。著者が明示されていないインターネットのホームページは誤りも多く，時には無断引用である場合もあるので，参考文献としては使用しない。著者が明示されているページは引用文献としてもよい場合もある。
- ●図　　表：結果を一覧・比較できるよう図や表を用いる。

(2) レポート作成の順序

① **図・表をつくる**：得られた結果を図や表にしたほうがよいものはどれか，どのような図や表にするかを考える。内容や体裁が決まったら図・表を作成する。パソコンの表計算ソフトを用いるとよい。図・表ができると，レポートを半分くらい書いた気になる。

② **結果を書く**：図や表から読みとれることを文章にする。同じ図や表であっても，実験者によって読みとれる事実や説明の方法が異なってくる。文章にしないと，その事実に気がついたことをわかってもらえない。

　また，図や表にはしなかったが，実験途中に観察したことも結果の章に記述する。記述があれば，観察していたということが読み手に伝わる。

③ **緒論と考察を書く**：結果が文章化されれば，おぼろげであった実験の意義や目的もより明確になってくる。まず緒論で実験の意義や目的を明確にし，考察でそれがどのように達成されたかを記述する。

④ **実験方法を書く**：実験方法を読んだ読者が追実験を行うことができるように，実験の条件（実験試薬の濃度やpH，実験温度や時間，実験に使用した装置等）を詳細に記述する。

　読み手は実験の経験が豊富である場合が多いので，実験に使用した器具（例えば溶液を測りとるときに使った測容器具や容器の種類）などは記載しなくてもいい場合もある。

　試薬の調製方法についても，特殊な調製方法が実験のポイントである場合は記載するが，一般的な調製法の場合は，最終濃度とpHを記載すればよい。

⑤ **参考文献のリストをつくる**：レポートを書く際に参考にした，あるいはレポート中で引用した文

献をリストにする。読者がその文献にたどり着けるように書誌情報を記載する。記載する項目は，次のとおりである。

> ● 雑誌論文の場合：著者名，発表年次，論文タイトル，雑誌名，巻号，ページ
> ● 著書の場合：著者名，刊行年次，章のタイトル，章のページ，編者，著書のタイトル，総ページ数，発行社

文献リストの書き方にはいろいろなスタイルがある。卒業論文の規定があれば，それに従うのがよい。

インターネットのホームページは手軽に情報を得る手段であるが，著者が明記されておらず，内容に誤りがある場合もある。また，刊行されている著作物のコピーである場合も見受けられる。著者が明記されていないページの引用，コピー・ペーストは控える。

⑥ **タイトルをつける**：レポートの内容を表す適切なタイトルをつける。実験の目的，実験方法などが明示されるような具体的なタイトルがよい。

（3）レポートを書くポイント

- レポートは他者に読んでもらうために書くものである。他者が何を要求しているか，何を期待しているかを考えてレポートを作成する。
- 自然科学の一般的な形式は上記のとおりであるが，提出先によって所定の形式がある場合はそれに従う。
- 緒論や考察を書くためには，バックグランドになる知識が必要である。生化学の教科書に目を通し，実験の生化学的意義を考えることも重要である。

2. ピペット操作―プランジャーピペット

　実験では液体を扱うことが多く，用量と精度に応じてピペット，メスシリンダー，メスフラスコなどの器具を用いる。ここでは，ピペットの操作について学ぶ。

　ピペットは，25 mL 程度までの一定量の液体を採取する場合に使用する器具である。使用後は，器具そのものを洗浄して再度使用する。駒込ピペットは，おおよその液量を採取する場合に用いる。メスピペットは細かい目盛が刻んであり，最大容量以下であれば任意の液量を採取することができる。ホールピペットは標線が1本のみ刻まれており，表示されている液量しか採取することはできないが，これらの中では最も正確である。

　プランジャーピペットは，ピペットボディに内蔵されたプランジャーを移動させることによって容積変化をもたらし，ボディの先端につけたチップに液体を吸入・吐出させるものである。ピペットボディと液体は接触しないので本体が汚れることはなく，チップを交換すれば別の液体を直ちに測りとれるという利点がある。ボディはいくつか用意されており，1～5,000 μL の液体を扱うことができる。

※ 目　的

　プランジャーピペットは操作性がよく，精度も確保できることから，生化学実験では多用される器具のひとつである。今後さまざまな実験を行うにあたって，プランジャーピペットを正確に取り扱えるかどうかが実験の正否を大きく左右することになる。そこで，プランジャーピペットの正確な操作方法を習得することを目的とする。

準備する試薬
□純水

準備する器具
□プランジャーピペット（ギルソン・ピペットマン P 型，ジャスター・1100DG を使用）
□チップ　　□天秤　　□温度計　　□ビーカー等の容器

1 容量のセット

　プランジャーピペットは精密機械である。落したりしないよう，取り扱いには十分注意する。

> **ワンポイントアドバイス**
> これは絶対に覚えよう！
> 1 mL = 1,000 μL

❶ 本体上部のリングを回すタイプと，プッシュボタンを回転させてセットするタイプがある
　容量目盛を見ながらゆっくり回し，設定希望目盛に確実に合わせる

❷ 容量のセット時の誤差を防ぐため，増す方向にセットする場合のみ目的とする目盛を少し越えてから戻すように合わせる

☞ 容量目盛が縦方向に表示されている場合は，上から下へ読む。

☞ 適用容量範囲以上，以下には絶対に回さない。

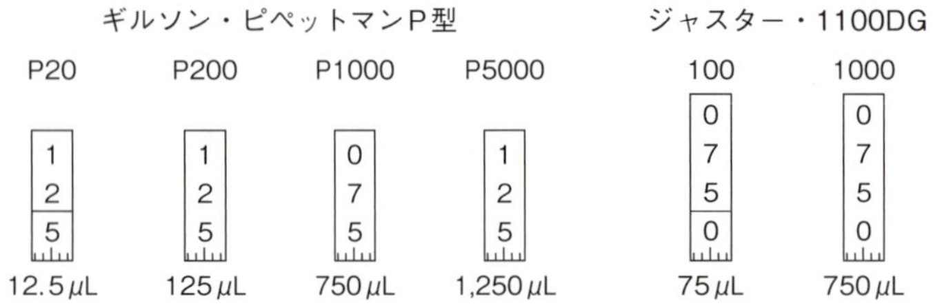

第1章 生化学実験の基礎

ギルソン・ピペットマンP型				ジャスター・1100DG	
P20	P200	P1000	P5000	100	1000
1 2 5	1 2 5	0 7 5	1 2 5	0 7 5 0	0 7 5 0
12.5 μL	125 μL	750 μL	1,250 μL	75 μL	750 μL

図1-1　プランジャーピペットのデジタル目盛の読み方

> **ワンポイントアドバイス**
> チップホルダー内に液体が入ると，錆，液漏れなどにより精度不良の原因となるので，特に注意する。
> ● チップを装着せずに液体操作しない
> ● 吸入・吐出は，ゆっくりスムースに
> ● チップに液体が入っているピペットは垂直に保って操作する

2 吸入・吐出操作

（1）フォワード法

❶ 先端部に所定容量のチップをとりつける

☞ 少しひねるようにしてしっかりと固定させる。チップの先端を素手で触らない。

❷ チップの予備洗浄を行う

☞ 予備洗浄は，採取容量を変更したときや，新しいチップに交換したとき，液体の温度が室温と異なる場合に行う。第1ストップの範囲でゆっくりと数回吸入・吐出を繰り返す。

❸ プッシュボタンを第1ストップまで押す（操作A）

❹ ピペットを垂直に持ち，そのままの状態でチップを液体に2〜3mmくらい浸す（操作B）

❺ プッシュボタンをゆっくり戻しながら液体を吸引する（操作C）

☞ プッシュボタンは静かに操作する。急に離すと液体がチップホルダー内に入ってしまうことがある。

❻ 1秒ほど待って，チップを静かに引き上げる

☞ 液体吸引後，チップの外側に水滴がついているときは，チップの口に触れないようにチップの外側を拭く。

❼ 容器の内壁にチップの先を沿わせプッシュボタンを第1ストップまでゆっくり押し下げる（操作D）

❽ 1秒ほど待ってプッシュボタンを第2ストップまで押し下げチップ内の液を完全に吐出する（操作E）

☞ 連続して分取する場合は，同じ速度で吸入・吐出操作を行う。

❾ プッシュボタンを押したままの状態でチップを容器の内壁に滑らせて，注意深く上げる

❿ プッシュボタンを戻す（操作F）

⓫ イジェクターボタンを親指で押してチップを外す

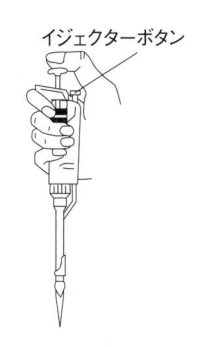

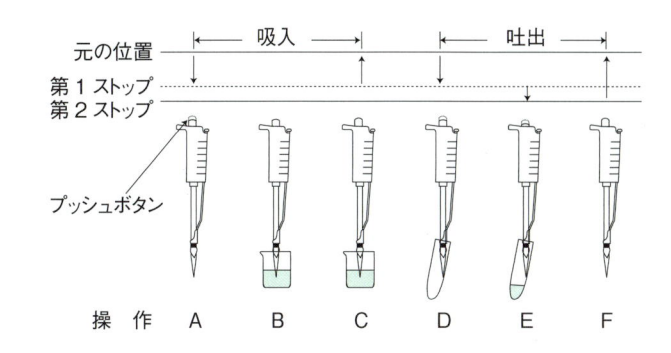

図1-2　プランジャーピペットの持ち方

図1-3　プランジャーピペットの吸入・吐出操作

（2）リバース法

　泡立ちやすい液体や微量測定の際に有効であるが，第2ストップまで吸引するため，チップホルダー内に液体が入らぬよう，特に細心の注意が必要である。

❶　先端部に所定容量のチップをとりつける
❷　チップの予備洗浄を行う
❸　プッシュボタンを第2ストップまで押す
❹　チップを液体中に2～3mmくらい浸す
❺　プッシュボタンをゆっくりと元の位置に戻し，注意深く吸引する
❻　1秒ほど待って，チップを静かに引き上げる
❼　容器の内壁にチップの先端を沿わせ，プッシュボタンをゆっくりと第1ストップまで押す
❽　チップに残った液体は排出せずにそのままの状態でチップを引き上げる
❾　残った液体はチップとともにとり外す

ワンポイントアドバイス

ピペットチップの取り扱い

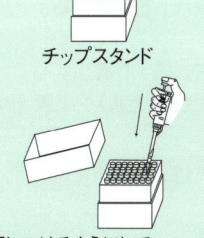

チップスタンド

押しつけるようにしてチップをつける

チップを素手で触ってはいけない

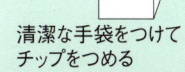

清潔な手袋をつけてチップをつめる

- 常日頃から，どの位置まで溶液が入るかを感覚的に覚えておくとよい。
- チップは原則として使い捨てである。
- ピペットの操作時はもちろんのこと，ピペットを保管するときにも先端部が低くなるように保管するとよい。

3 容量検査

プランジャーピペットの精度，操作の再現性は測定結果に重大な影響を及ぼすため，定期的に容量検査を行うことが望ましい。容量検査では，蒸留水をサンプルとし重量法で測定する。

> **ワンポイントアドバイス**
>
> 精密な容量検査は，蒸発量の補正や温度平衡など数々の要因を考慮したISO/DIS8655規格に基づいて行われなければならない。

① プランジャーピペット，蒸留水，チップ，天秤を測定の12時間前に同じ部屋に置いて，温度平衡を確実にする

② 化学天秤は，10μL未満の測定の場合は読み取り限度0.001 mg以下のものを，100μL未満の場合は0.01 mg以下，100μL以上の場合は0.1 mg以下のものを使用する

③ チップは使用前に2〜3回予備洗浄し，各容量について最低4回ずつ測定する

☞ 1,000μLピペット：
200μL，500μL，1,000μL
100μLピペット：
20μL，50μL，100μL

④ データシートに記録する

⑤ 体積を次式により算出する
　　測定容量（μL）＝重量（mg）／水の密度（表1-5を参照）

📖 測定の精度と再現性

精　度

設定容量と実際の容量との差を意味する。
各測定容量を v_i，測定回数を n 回とすると，

$$\text{平均測定容量} \quad (\bar{v}\mu L) = \frac{\sum_{i=1}^{n} v_i}{n}$$

設定容量を v_0 とすると，

$$\text{絶対誤差}\ (\mu L) = \bar{v} - v_0$$

$$\text{相対誤差}\ (\%) = \frac{\bar{v} - v_0}{v_0} \times 100$$

再現性

1本のピペットで10〜30回計測して求められた標準偏差および変動係数により表される。

$$\text{標準偏差}\ (SD) = \sqrt{\frac{\sum_{i=1}^{n}(v_i - \bar{v})^2}{n-1}}$$

$$\text{変動係数}\ (CV\%) = \frac{SD}{\bar{v}} \times 100$$

表1-5　温度による水の密度の変化

温度 (℃)	密度 (g・cm^3)	温度 (℃)	密度 (g・cm^3)
0	0.99984	20	0.99820
1	0.99990	21	0.99799
2	0.99994	22	0.99777
3	0.99996	23	0.99754
4	0.99997	24	0.99730
5	0.99996	25	0.99704
6	0.99994	26	0.99678
7	0.99990	27	0.99651
8	0.99985	28	0.99623
9	0.99978	29	0.99594
10	0.99970	30	0.99565
11	0.99961	31	0.99534
12	0.99949	32	0.99530
13	0.99938	33	0.99470
14	0.99924	34	0.99437
15	0.99910	35	0.99403
16	0.99894	36	0.99368
17	0.99877	37	0.99333
18	0.99860	38	0.99297
19	0.99841	39	0.99259

4 安全ピペッターの操作

メスピペットやホールピペットを用いる場合，安全面の配慮あるいは呼気による汚染を避けることを目的として安全ピペッターを用いることがある。

❶ ピペットに安全ピペッターをしっかり装着する
❷ 左手でピペットを持ち，安全ピペッターは右手で操作する
❸ Ⓐを押さえながら球をつぶす
❹ ピペット先端を溶液につける
❺ Ⓢを押して目的の目盛の少し上までゆっくり溶液を吸い上げる
❻ Ⓔを押して溶液のメニスカスを標線に合わせる
❼ 別の容器に移しⒺを押して溶液を排出する
❽ 膨らみ部分を押してピペット先端に残った1滴を排出する

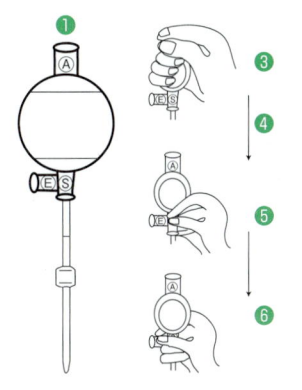

Ⓢで吸い上げるときはピペット先端を溶液中に十分浸しておく。そうしないと空気が入り，溶液が勢いよく上がって安全ピペッター内を汚染する。

図1-4　安全ピペッターの操作

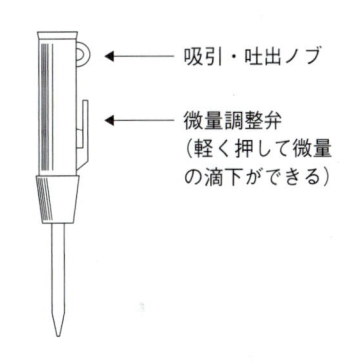

← 吸引・吐出ノブ
← 微量調整弁（軽く押して微量の滴下ができる）

図1-5　別タイプの安全ピペッター

3. 希 釈 法

　試薬には液体試薬（濃硫酸・塩酸・硝酸など）と固体試薬がある。固体試薬も液体（通常は水）に溶かして溶液として扱い，高濃度の保存溶液として調製する場合が多い。実際の実験にあたっては液体試薬と同様に，保存溶液を希釈して所定の濃度にして使用する。また，数種類の試薬を混合して用いる場合もあり，最終濃度が得られるよう保存溶液を加える。希釈操作は実験のあらゆる段階で行われる。

※ 目　的

　液体試薬を希釈する場合，希釈後の溶液量を決めて希釈前の溶液量と希釈に用いる液体量を算出する。両者の液量を正確に測りとって初めて所定の希釈溶液が得られるので，溶液を測りとる器具を正しく取り扱わねばならない。

1 希 釈 法

　一般に，n 倍に希釈するには $(n-1)$ 倍の純水と混合する。

　例えば 2 倍に希釈する場合，全体量 2 に対して原液 1 と純水 $2-1=1$，つまり各々等量を混合する。同様に 10 倍に希釈する場合は原液 1 と純水 9 を混合すればよい。

濃塩酸（35%）を 35 倍に希釈して 1% 塩酸を 70 mL つくる

　濃塩酸 1：純水 34 の割合で混合したものを 70 mL つくるのであるから，

$$濃塩酸の採取量 = 70\,\text{mL} \times \frac{1}{35} = 2$$

$$純水の採取量 = 70\,\text{mL} \times \frac{34}{35} = 68$$

となり，濃塩酸 2 mL と純水 68 mL を混合すればよい。混合による体積変化は無視することが多い。

2 濃 度 変 更

　次の計算式により簡単に求められる。

$$\begin{array}{ccc} a & & (c-b)\,\text{g} \\ & \diagdown c \diagup & \\ & \diagup \;\; \diagdown & \\ b & & (a-c)\,\text{g} \end{array}$$

　濃度の高いほうの含量 (a) を左上に，低いほうの含量 (b) を左下に書き，中央に求める濃度 (c) を書く。これより a% の溶液を $(c-b)$ g と b% の溶液 $(a-c)$ g を混合すれば c% の溶液が得られる。

（1）濃塩酸（12 mol/L，比重 1.18）を水で希釈して 2 mol/L 塩酸をつくる

$$\begin{array}{ccc} 12\,\text{mol/L (塩酸)} & & 2\,\text{g} \\ & \diagdown 2\,\text{mol/L} \diagup & \\ & \diagup \;\; \diagdown & \\ 0\,\text{mol/L (水)} & & 10\,\text{g} \end{array}$$

$$\frac{濃塩酸\,2\,\text{g}}{1.18\,(比重)} = 1.69\,\text{mL}$$

$$\frac{水\,10\,\text{g}}{1\,(比重)} = 10\,\text{mL}$$

　濃度が高い溶液の場合，容量で求めるには重量を比重で除して求める。

　つまり，濃塩酸 2 g と水 10 g（重量比 $2:10 = 1:5$）を混合するか，あるいは濃塩酸 1.69 mL を水 10 mL と混合すると 2 mol/L 塩酸溶液が得られる。

(2) 12%硫酸溶液と4%硫酸溶液とを混合して6%溶液を500 mLつくる

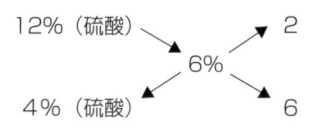

```
12%（硫酸）         2
          ＼    ／
           6%
          ／    ＼
 4%（硫酸）         6
```

$$12\%硫酸の採取量 = 500 \times \frac{2}{2+6} = 125 \text{ mL}$$

$$4\%硫酸の採取量 = 500 \times \frac{6}{2+6} = 375 \text{ mL}$$

定性実験のようにそれほどの正確さを必要としない場合には12%硫酸 125 mL と 4%硫酸 375 mL を混合すればよい。

> **ワンポイントアドバイス**
> 濃硫酸を水で希釈するときには，必ず純水の中に硫酸を入れる。発熱するため，ビーカーを冷却しながら混合する。

3 液体試薬の希釈

濃アンモニア水（15 mol/L）を薄めて約 6 mol/L のアンモニア水を 100 mL つくる

$\frac{15}{6} = 2.5$，つまり 2.5 倍に薄めればよいので，濃アンモニア水 1 に対して純水 1.5 の割合で混合する

$$濃アンモニア水の採取量 = 100 \text{ mL} \times \frac{1}{2.5} = 40 \text{ mL}$$

$$純水の採取量 = 100 \text{ mL} \times \frac{1.5}{2.5} = 60 \text{ mL}$$

濃度変更の計算式を用いる場合

```
15 mol/L（濃アンモニア水）         6
                       ＼    ／
                       6 mol/L
                       ／    ＼
      0 mol/L（水）                9
```

濃アンモニア水 6：純水 9（2：3）の割合で混合する

$$濃アンモニア水の採取量 = 100 \times \frac{2}{2+3} = 40 \text{ mL}$$

$$純水の採取量 = 100 \times \frac{3}{2+3} = 60 \text{ mL}$$

準備する試薬
- □市販の濃アンモニア水（15 mol/L）　　□純水

準備する器具
- □メスシリンダー　　□ビーカー　　□ガラス棒

1. メスシリンダーに純水 60 mL をとりビーカーに移す
2. 濃アンモニア水 40 mL を別のメスシリンダーにとり，①のビーカーにガラス棒を沿わせながら注ぎ，よく撹拌する
3. 試薬びんに移す

4 試料の希釈

☞ 第9章1. 分光分析の原理（p.97～）

　少量の試料についてプランジャーピペットを用い希釈する。正確なピペット操作による希釈・混合操作がその後の実験の精度を決めることになる。

- **1段階希釈**：被希釈液，希釈液ともに精度よく採取できる場合に行う
- **段 階 希 釈**：被希釈液量が少なく精度よく採取できるピペットが利用できない場合や，被希釈液量を増やすと希釈液量も多量に必要となってしまうような場合に行う

準備する試料

- ☐ 色素溶液 A　BPB 0.10 mg/mL of 0.5 mol/L リン酸緩衝液（pH 6.8）（色素溶液 D×1/100）
- ☐ 色素溶液 B　BPB 1.00 mg/mL of 0.5 mol/L リン酸緩衝液（pH 6.8）（色素溶液 D×1/10）
- ☐ 色素溶液 C　BPB 5.00 mg/mL of 0.5 mol/L リン酸緩衝液（pH 6.8）（色素溶液 D×1/2）
- ☐ 色素溶液 D　BPB 10.0 mg/mL of 0.5 mol/L リン酸緩衝液（pH 6.8）
- ☐ リン酸緩衝液（pH 6.8）

準備する器具

- ☐ プランジャーピペット　　☐ チップ
- ☐ 5 mL メスピペット（1本）　☐ 短試験管（6本）
- ☐ 試験管ミキサー
- ☐ マイクロストリップ（1×8）（1個）

ワンポイントアドバイス
チップの数が多いため，どの試薬に使用するのか，チップのピペット装着側にマジックで印をつけておくとよい。その際，チップの先端に触れないようにする。

準備する装置

- ☐ マイクロプレートリーダー

（1）色素溶液 A の 10 倍希釈液を 5 mL つくる

① メスピペットでリン酸緩衝液（pH 6.8）4.5 mL を量りとり，試験管に移す

② プランジャーピペットで色素溶液 A 500 μL を量りとり，同じ試験管に移す

③ 試験管ミキサーでよく混合する

☞ 試験管に実験者名，実験番号を記入してから実験を始める。

☞ プランジャーピペットは量りとる容量に適合したものを用いる。
プランジャーピペット，メスピペットを操作するときは，必ず自分で試験管を持って行う。

（2）色素溶液 B の 100 倍希釈液を 5 mL つくる

① メスピペットでリン酸緩衝液（pH 6.8）4.95 mL を量りとり，試験管に移す

② プランジャーピペットで色素溶液 B 50 μL を量りとり，同じ試験管に移す

③ 試験管ミキサーでよく混合する

☞ 4.95 mL を量りとる場合，メスピペットで 4 mL とり，プランジャーピペットで 950 μL とってもよい。
また，段階希釈で行う方法もある。B 液 100 μL とリン酸緩衝液 900 μL を混合したもの（10 倍希釈）から，500 μL を量りとり，4.5 mL のリン酸緩衝液と混合（10 倍希釈）すれば 100 倍希釈液ができる。

（3）色素溶液 C の 500 倍希釈液を 5 mL つくる

段階希釈によって作成する。
まず，10 倍希釈液をつくり，それをさらに 50 倍希釈することにより 500 倍希釈液をつくる。

❶ プランジャーピペットでリン酸緩衝液(pH 6.8) 270 μL を量りとり，試験管 1 に移す

❷ プランジャーピペットで色素溶液 C 30 μL を量りとり，試験管 1 に移す

❸ 試験管ミキサーでよく混合する

❹ 別の試験管 2 にメスピペットでリン酸緩衝液（pH 6.8）4.9 mL を量りとる

❺ プランジャーピペットで試験管 1 の溶液 100 μL を量りとり，試験管 2 に移す

❻ 試験管 2 を試験管ミキサーでよく混合すれば色素溶液 C の 500 倍希釈溶液となる

☞ 色素溶液 C を 10 μL 量りとり，リン酸緩衝液（pH 6.8）の 4990 μL（この場合，4 mL をメスピペットでとり，990 μL をプランジャーピペットでとるとよい）と混合してもよい。

（4）色素溶液 D の 1,000 倍希釈液を 5 mL つくる

段階希釈によって作成する。

まず，100 倍希釈溶液をつくり，それをさらに 10 倍希釈することにより 1,000 倍希釈溶液をつくる。

❶ プランジャーピペットでリン酸緩衝液(pH 6.8) 990 μL を量りとり，試験管 1 に移す

❷ プランジャーピペットで色素溶液 D 10 μL を量りとり，試験管 1 に移す

❸ 試験管ミキサーでよく混合する

❹ 別の試験管 2 にメスピペットでリン酸緩衝液（pH 6.8）4.5 mL を量りとる

❺ プランジャーピペットで試験管 1 の溶液 500 μL を量りとり，試験管 2 に移す

❻ 試験管 2 を試験管ミキサーでよく混合すれば色素溶液 D の 1,000 倍希釈溶液となる

（5）希釈の精度の検定

（1）～（4）で作成した溶液はすべて同じ濃度になっているはずである。マイクロストリップに分注し，マイクロプレートリーダーで吸光度を測定する。

❶ マイクロストリップの穴のあいている側の一番端の穴の上にシールを貼り，実験者識別番号を記入する

❷ シールと反対側の穴からリン酸緩衝液（pH 6.8），作成した希釈溶液 A，B，C，D の順に，それぞれ 100 μL ずつ分注する

❸ 波長 595 nm での吸光度を測定する

第2章 生体高分子の抽出と精製

1. DNA の抽出と定量

1 DNA 抽出

　デオキシリボ核酸（DNA）は，遺伝情報を保存・伝達する鎖状の高分子化合物である。真核生物の場合，DNA は核とミトコンドリアに収納されている。

　核 DNA はゲノム DNA ともいわれ，体細胞には両親に由来する 2 セットが存在する。染色体の主要成分で，直鎖二重らせん構造をとり，ヒトの場合は 23 本に分かれている。生物種によって一定の量が細胞に含まれているが，体細胞には生殖細胞の 2 倍量の DNA が含まれている[1),2)]。

　ミトコンドリア DNA は環状二重らせん構造をもち，細胞内に 5〜600 のコピーが存在する。

❋ 目 的

　DNA の抽出で重要なことはデオキシリボヌクレアーゼ（DNAase）による分解を阻害することであるが，界面活性剤のドデシル硫酸ナトリウム（SDS）は DNAase を失活させ，さらに DNA に付着しているたんぱく質や脂質とミセルを形成し，これを可溶化することにより DNA を遊離させる[2),3)]。また，エチレンジアミン四酢酸（EDTA）は，カルシウムイオンやマグネシウムイオンなどの DNAase の活性に必要な 2 価の陽イオンをキレートすることにより DNAase 活性を阻害する[4)]。したがって，SDS とクロロホルム・イソアミルアルコール混合液の処理で，たんぱく質を変性させて純粋な DNA を抽出することができる。ここでは，2 本鎖 DNA を肝臓から調製し，紫外部吸収の測定によって DNA の濃度および純度を検討する。

🔺 準備する試料

- □新鮮な肝臓（市販のウシ・ブタ・ニワトリの肝臓や実験動物のラット肝臓を用いる。−20℃で凍結保存したものを自然解凍して用いてもよい）

🧪 準備する試薬

- □0.9％塩化ナトリウム（NaCl）　　□0.25 mol/L ショ糖を含む 0.02 mol/L リン酸緩衝液（pH 7.0）
- □0.15 mol/L NaCl-0.1 mol/L EDTA（pH 8.0）
  - 〔調製法〕　NaCl 8.77 g とエチレンジアミン四酢酸二ナトリウム二水和物（EDTA・2Na・2H_2O）37.22 g を精製水 800 mL に溶解，1 mol/L 水酸化ナトリウム（NaOH）溶液で pH 8.0 に調製後 1 L にする
- □10％ SDS 溶液
  - 〔調製法〕　SDS 0.5 g を上述の 0.15 mol/L NaCl-0.1 mol/L EDTA 溶液 10 mL に溶かす
- □純エタノール　　　　　　　　　□5 mol/L 過塩素酸ナトリウム（NaClO$_4$）溶液
- □クロロホルム・イソアミルアルコール溶液（24：1　V/V）
- □0.15 mol/L NaCl-0.015 mol/L クエン酸ナトリウム溶液（pH 7.0）
  - 〔調製法〕　NaCl 8.77 g とクエン酸三ナトリウム二水和物 4.41 g を精製水 800 mL に溶解し，1 mol/L 塩酸（HCl）で pH 7.0 に調製後 1 L にする

🧰 準備する器具

- □ポッターエルビーエム型ホモジナイザー　　□50 mL 共栓付遠心管（4 本）
- □スポイト　　　　　　　　　　　　　　　　□ガラス棒

👑 準備する装置

- □冷却遠心分離機

肝臓からのDNAの調製

☞第9章5. 遠心分離法（p.110～）

① 氷冷した0.9% NaCl溶液で肝臓に付着した血液を除き，余分な水分を除いた後，氷冷した容器内で肝臓を細断する

ワンポイントアドバイス
一般的に，溶液中のDNAは高濃度のエタノールを加えることにより水和水を失って凝集する性質がある。

② 細断肝臓1gを氷冷したガラスホモジナイザーに入れ，氷冷した9倍量の0.25 mol/Lショ糖を含む0.02 mol/Lリン酸緩衝液（pH 7.0）を加える

③ 肝臓塊がなくなるまで氷冷状態でホモジナイズする

ワンポイントアドバイス
粗核画分を回収するまではすべて氷冷状態で行うので温度に注意する。

④ ホモジネートはガーゼでろ過し，ろ液7 mLを氷冷した遠心管に入れ遠心分離（900 g，3,000 rpm，10分間，4℃）する

⑤ 上澄を捨て，沈殿部の粗核画分を回収する

⑥ 沈殿部に0.15 mol/L NaCl-0.1 mol/L EDTA（pH 8.0）2 mLを加えて氷冷したガラスホモジナイザーに移し，氷冷状態でホモジナイズする（1,500 rpm，12ストローク）

☞ DNAは核たんぱく質と結合している。このたんぱく質－核酸複合体は0.15 mol/L程度のNaCl溶液で不溶となるが，この濃度より高濃度，低濃度のどちらでも可溶となる。

⑦ 0.15 mol/L NaCl-0.1 mol/L EDTA（pH 8.0）4 mLを加えて希釈ホモジナイズし，15 mL容ポリプロピレンチューブ（栓付）に移す

⑧ 10% SDS 1.5 mLを加えて穏やかに混ぜた後，穏やかに混合する（10分間，60℃）

☞ 10% SDSを加えた後，30秒に1回，穏やかに混ぜる。

⑨ 室温で冷却し，5 mol/L NaClO$_4$ 1.5 mLを加えて穏やかに混合する

⑩ 15 mL容ポリプロピレンチューブ（栓付）2本に4.5 mLずつ分注し，等容のクロロホルム・イソアミルアルコール混液4.5 mLずつ加えてふたをする

⑪ 15分間，転倒混和して遠心分離（3,000 rpm，15分間，室温）する

☞ 転倒混和は，1秒に1回，穏やかに混ぜる。

⑫ パスツールピペットで水層を注意深く採取して，ビーカーに移す

⑬ 水層に約2倍量の冷却した純エチルアルコールをビーカーの壁を伝わらせながら一時に加える

⑭ 2層の境界面付近に細い糸状のDNAが析出するので観察する

☞ DNAが分断されると糸状ではなく白く濁る。この場合は白い沈殿をDNAとする。

⑮ DNAをガラス棒でゆっくり回転させながら巻きとる

ワンポイントアドバイス
DNA溶解後は，濃度を測定し，−20℃以下で凍結保存すると1年以上安定である。

⑯ ガラス棒をビーカー壁に押しつけてアルコール分を除去して，ガラス棒ごと0.15 mol/L NaCl-0.015 mol/Lクエン酸ナトリウム溶液（pH7.0）3 mLにつけてDNAを溶かす

⑰ DNA原液は4℃で保存する（1か月以上の保存が可能）

課題

（1）SDSはどのような働きをするのか。SDSを加えた後，氷冷の必要がないのはなぜか。
（2）NaClO$_4$は何のために加えるのか考えてみよう。

2 DNA 定量，純度検定および融解温度
☞第 9 章 1. 分光分析の原理（p.97 ～）

　DNA は 2 本のポリヌクレオチド鎖がアデニン-チミン，グアニン-シトシンの塩基対によって 260 nm に特異的な吸収極大をもち，230 nm に吸収極小をもつ。DNA 溶液の温度を上げていくと二重らせん構造が壊れて，2 本鎖 DNA から 1 本鎖 DNA へと解離して変性が生じる。DNA は変性すると上下に隣り合う塩基の間の積み重ねによる分子間引力がなくなるため，紫外線吸収が増大する。温度を上昇させてみた変性の中間点の温度を融解温度（melting temperature：Tm）という[2),4)]。

❋目　的
　肝臓切片から抽出した DNA の濃度と純度の検定を行う。また，DNA の融解温度を測定することにより DNA の性質を理解する。

準備する試料
□ DNA 原液（1で調製したもの）

準備する試薬
□ 0.15 mol/L NaCl-0.015 mol/L クエン酸ナトリウム溶液（pH 7.0）（1抽出で用いたもの）

準備する器具
□ 石英セル

準備する装置
□ 紫外分光光度計
□ ウォーターバス（37 ～ 95℃）またはヒーティングブロック

（1）濃度の算出
❶ DNA 原液の一部をとり，260 nm の吸収がおよそ 0.6 となるように NaCl- クエン酸ナトリウム溶液で希釈する

❷ 希釈 DNA の A_{260} を求める
　吸光度のブランク試験には NaCl- クエン酸ナトリウム溶液を用いる

☞ DNA は 260 nm に特異的な吸収極大をもち，230 nm に極小吸収をもつ。

☞ A_{260} は 260 nm での吸光度を表す。

（2）純度の検定
❶ 紫外分光光度計を用いて希釈 DNA の吸収曲線（220 ～ 320 nm）を作成する

（3）融解温度と融解曲線
❶ DNA 原液の 260 nm の吸収がおおよそ 0.3 ～ 0.5 になるように NaCl- クエン酸ナトリウム溶液で希釈する

❷ 希釈 DNA を密閉型の石英セルに入れ，50・60・70・80・85・90・95℃の各温度に 5 分間置いた後，石英セルの表面を素早く拭いて A_{260} を測定する

計　算

（1）濃度の算出

標準的2本鎖DNAでは，$50\,\mu g/mL$ のとき，$A_{260}=1.0$ となる。
DNA濃度 $(\mu g/mL) = A_{260} \times 50 \times$ （希釈倍数）

（2）純度の検定

吸光度 A_{230}/A_{260} は $1/2 \sim 1/3$ である。A_{230}/A_{260} が $1/2$ より大きいときはDNA中にたんぱく質の混雑が考えられる。

☞ 吸光度比 A_{260}/A_{280} の計算からもDNAの純度は求められる。
標準的DNA溶液（$1\,g/L$）で $A_{260}=20$，$A_{280}=11.5$，$A_{260}/A_{280}\fallingdotseq1.74$ である。

（3）融解温度と融解曲線

各温度に対して熱処理DNA溶液の A_{260} をプロットし，融解曲線を作製してTmを求める。

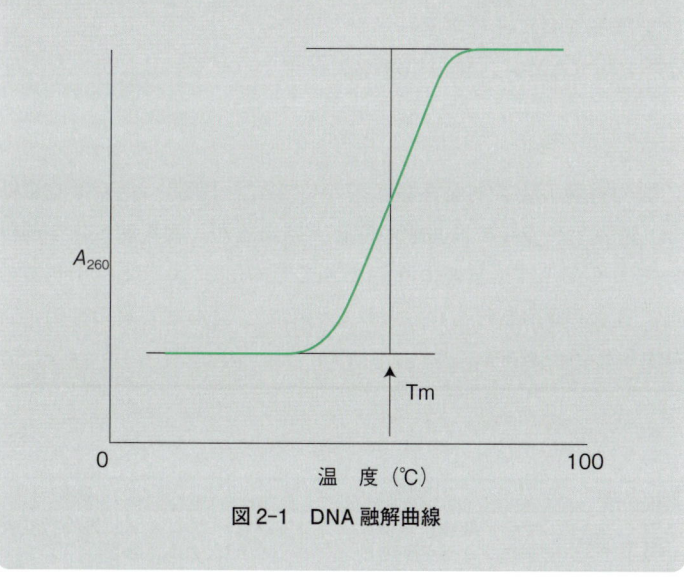

☞ 石英セルを90℃から室温までゆっくり冷却したときの A_{260} を測定して比較する。

図2-1　DNA融解曲線

> **ワンポイントアドバイス**
>
> $A_{260}=1$ のときの核酸濃度
> 2本鎖DNA　$50\,\mu g/mL$
> 1本鎖DNA　$33\,\mu g/mL$
> 1本鎖RNA　$40\,\mu g/mL$

課　題

（1）DNA原液が4℃で1か月以上保存可能である理由を考えてみよう。
（2）吸光度比 A_{230}/A_{260} と A_{260}/A_{280} でDNA純度を求めて比較してみよう。
（3）吸光度比 A_{230}/A_{260} と A_{260}/A_{280} でDNA純度検定ができる理由を考察しよう。
（4）DNAが260 nmに特異的に吸収をもつ理由を考えてみよう。

2. たんぱく質の抽出と定量

☞第9章1. 分光分析の原理（p.97〜）

　生体材料からたんぱく質を抽出する場合，動物，植物，微生物などの種や生育条件により目的とするたんぱく質の含量や安定性が異なる。また，共存する物質も抽出時のたんぱく質の安定性に影響を与える。最も基本的な抽出方法として次の手順がある[5),6)]。

- 細胞あるいは組織をホモジナイザーでホモジナイズした後，目的の細胞小器官（オルガネラ）を得るために遠心分離を行う。
- 得られたオルガネラより目的のたんぱく質を可溶化して抽出する。
- 可溶化しない場合には，界面活性剤などを加えて不純物を除いて可溶性のたんぱく質抽出液を得る。
- 脂質などが共存する場合には，酵素消化などによりたんぱく質を可溶化する。

抽出の注意点

- たんぱく質を変性させずに安定に保つ。
- 抽出に用いる溶媒の温度，pH，イオン強度などに注意する。
- プロテアーゼによるたんぱく質の分解を防ぐために，低温処理やプロテアーゼインヒビターなどを用いる。

　たんぱく質の検出・定量は，たんぱく質の物理・化学的な性質に基づいて行われる。たんぱく質はアミノ基，カルボキシル基およびペプチド結合をもつことは共通の性質ではあるが，物理的・化学的性質の多くは固有のアミノ酸配列に基づいておりたんぱく質によりさまざまである。よって，すべてのたんぱく質があらゆる測定法に対して同じ感度で検出されるわけではないので，たんぱく質の抽出・定量は試料に応じて最適な測定方法を選択する必要がある[3),5),6)]。

表2-1　たんぱく質の定量法

	測定法	測定原理	検出範囲（μg）	測定精度	主な妨害物質
1	紫外吸収法	芳香族アミノ酸による紫外線の吸収	30〜2,000	アミノ酸含量の多寡によって測定値にバラツキが出る	たんぱく質以外の紫外吸収のある物質
2	ロウリー法	ペプチド結合よるCu^{2+}の還元	20〜100	たんぱく質間のバラツキが少ない	還元性試薬，界面活性剤など
3	ビューレット法	ペプチド結合よるCu^{2+}の還元	1,000〜5,000	たんぱく質間のバラツキがほとんどない	妨害物質は少ない
4	ケルダール法	たんぱく質中の窒素の定量	1,000〜100,000	たんぱく質間のバラツキが少ないが，たんぱく質がmgオーダーで必要	核酸，アンモニアなど
5	色素結合法（Bradford法，CBB法）	塩基性・芳香族アミノ酸と色素の結合	2〜10	特定のアミノ酸残基と色素との結合に基づくので，感度は高いがたんぱく質間のバラツキが大きい	界面活性剤
6	ビシンコニン酸法（BCA法）	ペプチド結合よるCu^{2+}の還元	20〜100	たんぱく質間のバラツキが少ない	還元性物質，キレート剤

（出典：日本生化学会編『基礎生化学実験法　3　タンパク質Ⅰ』東京化学同人，2001，p.4を参考に作表）

1 紫外吸収法

準備する器具
- □ 石英セル

準備する装置
- □ 紫外分光光度計

① 未知濃度の試料溶液を石英セルに入れて，波長 280 nm での吸光度を測定する
対照として精製水を用いる

☞ トリプトファン，チロシンの 280 nm の吸収を測定する。

② 試料の吸光度から，分子吸光係数と分子量を用いてそれぞれのたんぱく質量（mg）を求める

📖 計　算

$$\text{たんぱく質量（mg）} = \frac{\text{吸光度}}{\text{分子吸光係数}} \times \frac{\text{液量（mL）}}{1,000} \times \text{分子量} \times 1,000$$

分子吸光係数：1 cm 光路長において，ある物質の 1 mol/L 溶液についてのある波長における吸光度である。したがって，ある物質の溶液の吸光度を分子吸光係数で割るとその物質の溶液のモル濃度が算出される。

2 ロウリー（Lowry）法

準備する試薬
- □ 試薬 A：2％炭酸ナトリウム（Na_2CO_3），0.02％酒石酸ナトリウムカリウム（$KNaC_4H_4O_6 \cdot 4H_2O$）を 0.1 mol/L NaOH 溶液でつくる
- □ 試薬 B：0.5％硫酸銅五水和物（$CuSO_4 \cdot 5H_2O$）
- □ 試薬 C：A 50 mL と B 1 mL を混合したもの
- □ 試薬 D：Folin-Ciocalteu 試薬（フェノール試薬），市販のフェノール試薬を 1 mol/L になるように希釈して使用する
- □ たんぱく質標準溶液：ウシ血清アルブミン（BSA）500 μg/mL の溶液にする

☞ 試薬 C は，使用直前に混合する。
試薬 D は，褐色びんに保存すれば室温で安定。

準備する器具
- □ 吸光度測定用セル

準備する装置
- □ 分光光度計

① 試料 0.5 mL（5〜100 μg のたんぱく質量を含む）を試験管にとり，試薬 C 5 mL を加えて室温に 10 分間置く
ブランク試験は，試料として精製水を用いる

② たんぱく質標準溶液 500 μg/mL を 0・0.1・0.2・0.3・0.4・0.5 mL とり，精製水を加え全量を 0.5 mL にする
①と同様に試薬 C 5 mL を加えて室温に 10 分間置く

③ ①，②に試薬 D 0.5 mL を加え，十分に混合する

④ 室温で 30 分間放置後，2 時間以内に 750 nm での吸光度を測定する

検 量 線

1. たんぱく質標準溶液の濃度を横軸に，吸光度を縦軸にプロットし検量線を作成する
2. 検量線から試料のたんぱく質量を求める

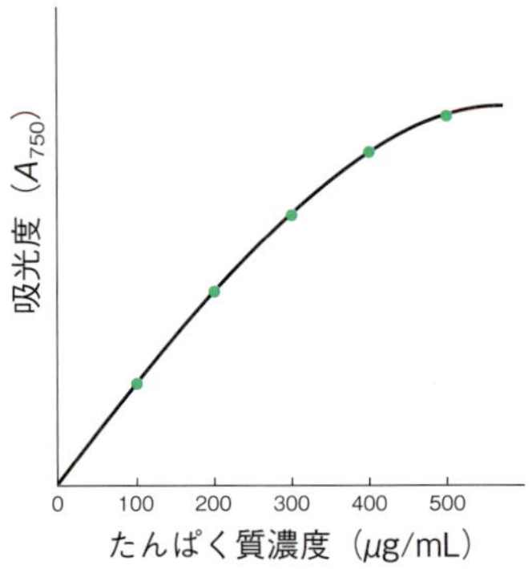

図 2-2 ロウリー法によるたんぱく質検量線

3 ビューレット（Biuret）法

準備する試薬
- ビューレット試薬：$CuSO_4・5H_2O$ 1.5 g と $KNaC_4H_4O_6・4H_2O$ 6.0 g を 500 mL の精製水に溶かし，10％ NaOH 300 mL を加えた後，精製水で 1 L にする
- たんぱく質標準溶液：10 mg/mL BSA 溶液

準備する器具
- 吸光度測定用セル

準備する装置
- 分光光度計

☞ビューレット試薬は，室温で数か月安定である。

1. 試料 1 mL（1〜10 mg のたんぱく質量を含む）を試験管にとり，ビューレット試薬 4 mL を加えて混合する
2. 室温で 30 分間放置して，550 nm の波長で比色定量する
3. たんぱく質標準溶液 10 mg/mL を 0・1・2・3・4・5 mg/mL になるように希釈し，①，②と同じ操作を行った後，検量線を作成する
4. 検量線から試料のたんぱく質量を求める

4 色素結合法（Bradford 法，CBB 法）

準備する試薬
- CBB 試薬
  - 〔調製法〕クーマシーブリリアントブルー G250 50 mg/95％エタノール 25 mL を作成し，さらに 85％リン酸（H_3PO_4）50 mL を加えて精製水で 500 mL に調製する。ろ紙でろ過し室温で保管する
- たんぱく質標準溶液：1 mg/mL BSA 溶液

準備する器具
- 吸光度測定用セル

準備する装置
- 分光光度計

☞CBB 試薬は，1 か月間安定である。

❶ 試料 50 μL（数 μg ～ 10 μg のたんぱく質量を含む）を試験管にとり，CBB 試薬 2.5 mL を加えてよく混合する

⬇

❷ 室温で 5 分間放置した後，595 nm での吸光度を測定する

⬇

❸ たんぱく質標準溶液 1 mg/mL を 0・2・4・6・8・10 μg/mL になるように希釈し，①，②と同じ操作を行った後，検量線を作成する

⬇

❹ 検量線から試料のたんぱく質量を求める

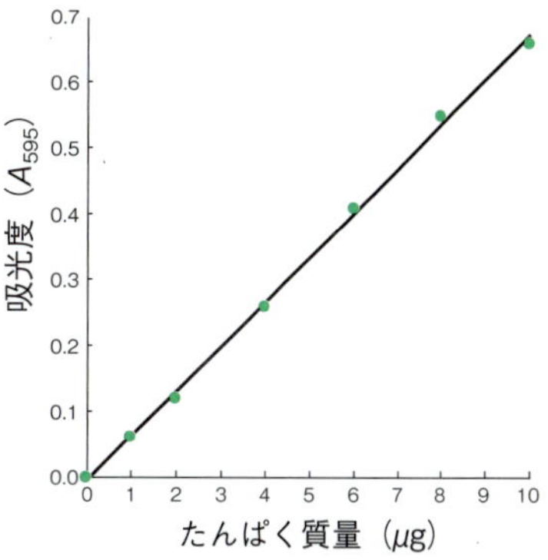

図 2-3　Bradford 法によるたんぱく質量検量線

5 ビシンコニン酸法（BCA 法）

準備する試薬

☐ BCA 試薬 A 液

〔調製法〕ビシンコニン酸ナトリウム（4-4′-ジカルボキシ -2, 2′-ビキノリン二ナトリウム）10 g，Na_2CO_3 20 g，酒石酸ナトリウム（$C_4H_4Na_2O_6 \cdot 2H_2O$）1.6 g，NaOH 4 g，炭酸水素ナトリウム（$NaHCO_3$）9.5 g を精製水に溶かし 1 L にして pH を 11.3 に合わせる

☞ BCA 試薬 A 液は，室温で 1 ～ 3 週間安定である。

☐ BCA 試薬 B 液

〔調製法〕$CuSO_4 \cdot 5H_2O$ 4 g を精製水に溶かし 100 mL にする

☞ BCA 試薬 B 液は，室温で数か月安定である。

☐ BCA 試薬混合溶液

〔調製法〕必要量の BCA 試薬 A 液に，その 1/50 容量の BCA 試薬 B 液を加えてよく混合して BCA 試薬混合溶液とする

☞ BCA 試薬混合溶液は，冷蔵庫で 2 ～ 3 日間は保存できる。

☐ たんぱく質標準溶液：1 mg/mL BSA 溶液

準備する器具

☐ 吸光度測定用セル

準備する装置

☐ 分光光度計

❶ 試料 100 μL（10 ～ 100 μg のたんぱく質量を含む）を試験管にとり，BCA 試薬混合溶液 2 mL を加えてよく混合する

⬇

❷ 室温で 2 時間放置または 37℃で 30 分間反応させた後，562 nm での吸光度を測定する

⬇

❸ たんぱく質標準溶液 1 mg/mL を 0・5・10・15・20・25 μg/mL になるように希釈し，①，②と同じ操作を行った後，検量線を作成する

⬇

❹ 検量線から試料のたんぱく質量を求める

3. たんぱく質の精製

　生体内のたんぱく質の構造や機能を研究するためには，目的とするたんぱく質を分離・精製することが必要である．しかし，生体細胞に存在するたんぱく質の種類は何千種類と多く，それぞれのたんぱく質の細胞内における存在量はきわめて少ない．また，細胞外にとり出したたんぱく質は非常に不安定である．そのため迅速かつ繊細な操作が求められる．

　たんぱく質の精製は，目的とするたんぱく質とそれ以外のたんぱく質との物理・化学的性質の違いに基づいて行われる．1回の操作で目的とするたんぱく質だけを分離・精製することが困難な場合が多く，複数の操作を組み合わせる場合が多い．

✳ 目　的

　卵白に含まれるリゾチームに注目し，部分精製を行うことによって，たんぱく質精製法の基礎を習得する．

　卵白粗酵素液を硫酸アンモニウムによって分画した後，カルボキシメチル（CM）セルロースによる精製を行う．卵白リゾチームは塩基性たんぱく質であるため，陽イオン交換体と結合する性質をもつ．CM セルロースはセルロースの水酸基（OH 基）にカルボキシメチル基（$-CH_2COO^-$）をエーテル結合させたもので陽イオン交換能をもつ．

🔺 準備する試料
- □ 卵白（1 個分）

🧪 準備する試薬
- □ *Micrococcus Luteus* Cell（生化学バイオビジネス社　450971）
- □ CM-Sepharose Fast Flow（amersham pharmacia 社）
- □ 100 mmol/L リン酸緩衝液（pH 7.0）
- □ 50 mmol/L トリス塩酸緩衝液（Tris-HCl）（pH 8.2）－0.1 mol/L NaCl 緩衝液
- □ 50 mmol/L Tris-HCl（pH 8.2）－0.5 mol/L NaCl 緩衝液
- □ 硫酸アンモニウム（$(NH_4)_2SO_4$）
- □ 蒸留水

📗 準備する器具
- □ ガーゼ　　□ 漏斗　　　　　　　□ メスシリンダー　　□ プランジャーピペット
- □ チップ　　□ 遠心分離機用チューブ　□ 試験管　　　　　□ 分光光度計用セル（ガラス）
- □ スタンド　□ 簡易カラム（Bio-Rad 社　Poly-Prep Chromatography Columns など）

🎩 準備する装置
- □ 遠心分離機　　□ 分光光度計　　□ スターラー

1 卵白粗酵素液の調製

① 卵を割り，卵白と卵黄に分ける
② 二重に折りたたんだガーゼで卵白をろ過する
③ 容量を測り，3倍量の蒸留水を加えて混和する
④ 遠心分離（3,000 rpm，10分間）する
⑤ 上澄の容量を測り，卵白粗酵素液とする
⑥ 酵素活性およびたんぱく質量の定量を行う

☞第9章5. 遠心分離法（p.110〜）

☞この段階で白くにごる。

☞使用時まで氷中で保存する。
☞電気泳動用に1 mL程度別容器で保存しておく。
☞酵素液は適宜希釈して測定に用いる。

2 リゾチーム活性の測定

リゾチームは細菌の細胞壁を分解することにより，細菌を溶菌する。そこで，細胞懸濁液の吸光度の減少で酵素活性を測定する。

☞第9章1. 分光分析の原理（p.97〜）

ワンポイントアドバイス
酵素溶液の各画分ごとに溶液量，たんぱく質濃度，全たんぱく質量，全活性，比活性を求めておく。最初の卵白粗酵素液を回収率100％，精製純度1倍として表す。

（1）基質溶液の調製

① *Micrococcus Luteus* Cell 0.15 mg/mLを100 mmol/Lリン酸緩衝液（pH 7.0）に懸濁する
② 4℃で6時間，穏やかに撹拌しながら膨潤させる
③ 調製後は−20℃で保存し，使用時には室温で融解させる

☞時間が短ければ十分に膨潤せず，長すぎれば（一晩など）溶解する。あらかじめ，空いた時間に調製しておくとよい。
☞小分けしておくと，融解・凍結の回数を減らすことができる。
☞値が安定するまで待つ。

（2）リゾチーム活性の測定

① 分光光度計用のセルに基質溶液2.9 mLを加える
② 適当に希釈した酵素溶液0.1 mLを加えて，よく混ぜる
③ 15秒ごとに計2分間，450 nmでの吸光度を測定する
④ 測定した値をグラフにし，吸光度変化が直線になるところから活性を求める

☞酵素添加後，15秒後くらいから値が安定する。
☞活性の1単位は1分間あたり450 nmの吸光度が0.001減少する酵素量と定義する。

ワンポイントアドバイス
用いる分光光度計のスペックに応じて，同じ割合でスケールダウンして測定してもよい。

3 卵白粗酵素液の硫安（硫酸アンモニウム）分画

① 粗酵素液1Lあたり$(NH_4)_2SO_4$ 472gを量りとる

② 氷中で撹拌しながら，ゆっくり$(NH_4)_2SO_4$を加える

③ $(NH_4)_2SO_4$を入れ終えたら，そのまま20分ほど撹拌を続ける

④ 遠心分離（14,000 rpm，15分間）する

⑤ 上澄を$(NH_4)_2SO_4$ 70%上澄画分として，別容器に移す

⑥ 沈殿を$(NH_4)_2SO_4$ 70%沈殿画分として，できるだけ少量の50 mmol/L Tris-HCl（pH 8.2）-0.1 mol/L NaCl緩衝液で溶解する

⑦ 両画分を透析膜中に移し，同緩衝液で一晩透析する

⑧ 透析後，それぞれの画分の容量を測定し，$(NH_4)_2SO_4$上澄画分および$(NH_4)_2SO_4$沈殿画分とする

⑨ 酵素活性およびたんぱく質量の定量を行い，活性画分を次のクロマトグラフィーに用いる

☞ 第9章3. たんぱく質精製の原理と応用 (p.102〜)
☞ 第9章5. 遠心分離法 (p.110〜)

☞ 472 gは$(NH_4)_2SO_4$ 70%飽和になる量。あらかじめ，乳鉢，乳棒で細かくすりつぶしておく。
☞ 多量に入れると部分的に$(NH_4)_2SO_4$濃度が高くなる。

☞ 目安として100倍量の緩衝液で透析する。

☞ 電気泳動用に1 mL程度別容器で保存しておく。

		硫安の最終濃度（%飽和）														
		10	20	25	30	33	35	40	45	50	55	60	65	70	75	80	90	100
		固形硫安添加量（g/L）														
硫安の初濃度（%飽和）	0	56	114	144	176	196	209	243	277	313	351	390	430	472	516	561	662	767
	10		57	86	118	137	150	183	216	251	288	326	365	406	449	494	592	694
	20			29	59	78	91	123	155	189	225	262	300	340	382	424	520	619
	25				30	49	61	93	125	158	193	230	267	307	348	390	485	583
	30					19	30	62	94	127	162	198	235	273	314	356	449	546
	33						12	43	74	107	142	177	214	252	292	333	426	522
	35							31	63	94	129	164	200	238	278	319	411	506
	40								31	63	97	132	168	205	245	285	375	469
	45									32	65	99	134	171	210	250	339	431
	50										33	66	101	137	176	214	302	392
	55											33	67	103	141	179	264	353
	60												34	69	105	143	227	314
	65													34	70	107	190	275
	70														35	72	153	237
	75															36	115	198
	80																77	157
	90																	79

図2-4　固形硫酸アンモニウム（硫安）添加量と濃度（%飽和）の関係
（出典：掘越弘毅・虎谷哲夫・北爪智哉・青野力三『酵素 科学と工学』講談社サイエンティフィク，1992, p.171）

4 CM-Sepharose カラムクロマトグラフィーによるリゾチームの精製

☞ 第9章1. 分光分析の原理（p.97〜）
☞ 第9章3. たんぱく質精製の原理と応用（p.102〜）

❶ 簡易カラムをスタンドに立て，CM-Sepharose（担体）を駒込ピペットなどで注ぐ

☞ カラムの大きさにもよるが約5〜7 mL程度。
☞ 担体上には絶えず緩衝液がある状態にする。あらかじめ，空いた時間に準備しておくとよい。

❷ 50 mmol/L Tris-HCl（pH 8.2）−0.1 mol/L NaCl 緩衝液（開始緩衝液）15 mL を流し，平衡化する

❸ 活性画分を，担体上に注ぐ

☞ パスツールピペット等でゆっくりと注ぐ。

❹ 活性画分が担体中にしみ込んだら，開始緩衝液 15 mL を流す

❺ 非吸着画分 5 mL を各試験管にとる

❻ 50 mmol/L Tris-HCl（pH8.2）−0.5 mol/L NaCl 緩衝液（溶出緩衝液）15 mL を流す

❼ 溶出画分 5 mL を各試験管にとる

❽ 各画分の 280 nm での吸光度を測定する

☞ 簡易的にたんぱく質を含む画分を探す。

❾ たんぱく質を含む画分の酵素活性を測定する

❿ 活性画分をまとめて，酵素活性およびたんぱく質量の定量を行う

☞ 電気泳動用に 1 mL 程度別容器で保存しておく。

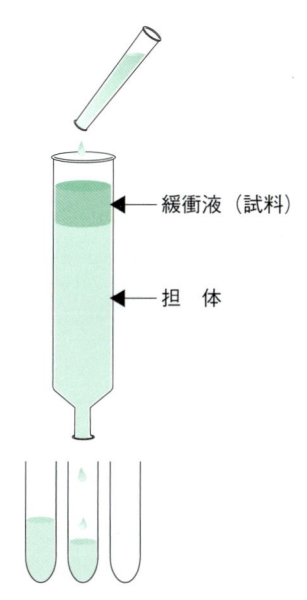

図2-5　カラムクロマトグラフィー

課題

（1）各精製段階における溶液量，たんぱく質濃度，全たんぱく質量，全活性，比活性を求めて，精製表にまとめてみよう。

4. SDS ポリアクリルアミドゲル電気泳動による純度の検定

　生体細胞から分離・精製したたんぱく質が，目的のたんぱく質1種類のみなのか，それともほかのたんぱく質が混在しているのか，見た目では全く判断できない。したがって，分離・精製後にその純度を検定することが必要となる場合がある。そこで，たんぱく質の純度を検定するために，SDSポリアクリルアミドゲル電気泳動を行う。SDSポリアクリルアミドゲル電気泳動法は，SDSの存在下で行う電気泳動で，たんぱく質を分子量によって分離し，単一たんぱく質であるかどうかを確かめる方法のひとつである。たんぱく質の4次構造はSDSによって破壊されるため，多量体構造をとるたんぱく質はそれぞれのサブユニットに分かれている。

❋ 目　的

　SDSポリアクリルアミドゲル電気泳動により，たんぱく質の純度を検定する。目的とするたんぱく質の分子量によってポリアクリルアミドゲルの濃度を変える。ポリアクリルアミドゲルは単体のアクリルアミドを重合させることによって調製することもできるし，作成済みのゲルを購入することもできる。

準備する試料
- □ 各精製段階で得られたたんぱく質溶液

準備する試薬
- □ SDSポリアクリルアミドゲル（市販品，Bio-Rad社，Invitrogen社など）
- □ 電気泳動用緩衝液（市販品）
- □ 分子量マーカー標準たんぱく質（Bio-Rad社など）
- □ 試料用緩衝液
  6% SDS，24%グリセロール，12% 2-メルカプトエタノール，
  0.3 mol/L Tris HCl (pH 6.8)，0.15%ブロモフェノールブルー（BPB）
- □ 染色液（ナカライテスク社　Rapid Stain CBB Kit）
- □ 脱色液（25%メタノール，7%酢酸）

☞「SDSポリアクリルアミドゲル」と「電気泳動用緩衝液」は同一社のものをセットで購入して使用する。

☞ ポリアクリルアミドゲルは，アクリルアミドとビス-クリルアミドを重合させて調製することができる。

☞ 2-メルカプトエタノールは毒物に指定されている。

準備する器具
- □ 染色，脱色用の容器（タッパーなど）
- □ プランジャーピペット
- □ メスシリンダー
- □ チップ

準備する装置
- □ 電気泳動装置（Bio-Rad社，Invitrogen社など）
- □ パワーサプライ（Bio-Rad社，ATTO社など）

1　試料溶液の調製

① 試料用緩衝液に2倍量の試料溶液を加える
　↓
② 各試料および分子量マーカー標準たんぱく質を100℃で5分間熱処理する
　↓
③ 使用するまで氷中で保存しておく

☞ 1ウェルに注入できる溶液量は約15 μLである。
各試料に含まれるたんぱく質量が約2 mg程度になるよう調整する。
分子量マーカー標準たんぱく質も同様に調整する。

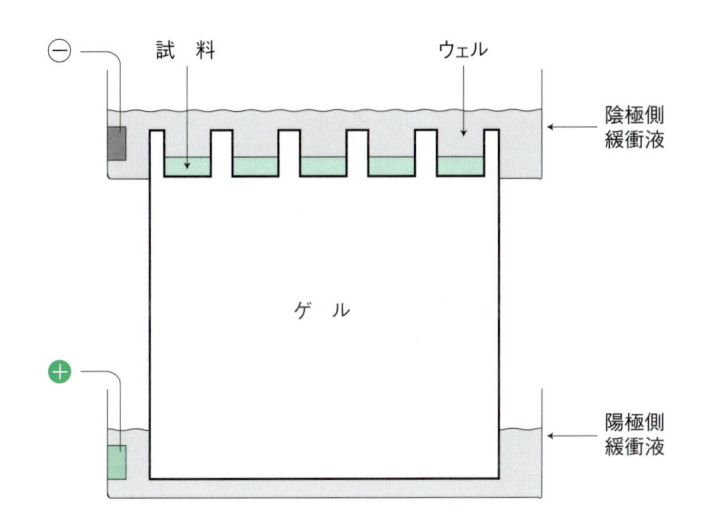

図 2-6　SDS ポリアクリルアミドゲル電気泳動

2　電気泳動

① ゲル（濃度 12%）を袋からとり出し，ゲルの前後，上下を間違えないよう泳動層にセットする

② コーム（くし）をゲルから引き抜く
　その際，ウェルを壊さないように，ゆっくりと慎重に引き抜く

③ 陽極側の泳動層に，泳動用緩衝液を注ぐ

④ 陰極側の泳動層に，泳動用緩衝液をウェルが完全に浸るまで注ぐ

⑤ パスツールピペットなどで，泳動液を吹きかけてウェルを洗浄し，未重合のゲル液を除く

⑥ ウェルに各試料および分子量マーカー標準たんぱく質を注入する

⑦ 陰極と陽極を間違えないように，パワーサプライにコードをつなぐ

⑧ 100 mA 程度（定電流）で泳動を開始する

⑨ BPB の青い色素がゲルの下端付近まで泳動されたら，電源を切りコードをはずす

⑩ ゲルの板をはずし，ゲルを破かないように慎重に染色用の容器に移す

⑪ BPB の泳動距離を測定する

☞注入した試料がウェルの底に沈むように，試料にグリセロールを加えて，密度を高くしておく。

☞第 9 章 4．電気泳動の原理（p.105 ～）

☞ゲルの端から泳動液が漏れていないことを確認する。
もし漏れていれば，泳動液を捨ててセットし直す。

☞隣のウェルに試料が混入しないように，試料をゆっくり押し出し，ウェルの底に沈ませる。

☞実験の時間を考慮し，適宜調節してもよい。

☞BPB がゲルの下端から流れ出してしまわないように注意すること。

☞ウェルの下端から，BPB の青い色素までの距離を測定する。

3 染色および脱色

❶ ゲル 1 枚あたり 100 mL の染色液を，ゲルの入った容器に注ぐ
　↓
❷ ゆっくり撹拌しながら，約 30 分間染色する
　↓
❸ 染色液を所定の容器に移し，容器内の染色液を蒸留水ですすぐ
　↓
❹ ゲル 1 枚あたり 100 mL の脱色液を，ゲルの入った容器に注ぐ
　↓
❺ ゆっくり撹拌しながら，バックグラウンドの青色が薄くなり，たんぱく質のバンドがはっきりと見えるまで，おおむね一晩脱色する
　↓
❻ ウェルの下端から，各バンドまでの距離を測定し，各試料および分子量マーカー標準たんぱく質の泳動距離を測定する

☞第 9 章 4. 電気泳動の原理（p.105〜）

☞染色液が手に付着しないように手袋を着用する。
☞染色液は，何度か使用できるが，使い古した液を用いる場合は，染色時間を延長する。

☞脱色後，30 分くらいで新しい脱色液に交換すると効果的である。

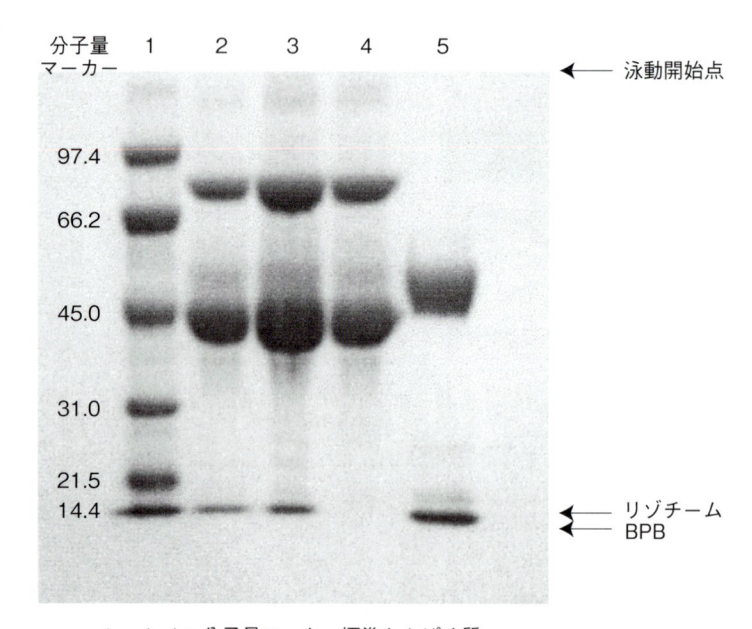

☞ラップの上にゲルをのせ，白い紙の上で観察するとよい。

レーン 1：分子量マーカー標準たんぱく質
レーン 2：卵白粗酵素液
レーン 3：$(NH_4)_2SO_4$ 沈殿画分
レーン 4：CM-Sepharose 非吸着画分
レーン 5：CM-Sepharose 溶出画分

図 2-7　SDS ポリアクリルアミドゲル電気泳動によるリゾチームの純度検定

4 たんぱく質の分子量の求め方

❶ 各試料および分子量マーカー標準たんぱく質の相対移動度を求める

☞ 相対移動度 = $\dfrac{\text{たんぱく質の泳動距離}}{\text{BPB の移動距離}}$

❷ 分子量マーカーの各たんぱく質の分子量と相対移動度の表を表計算ソフトを用いて作成する

❸ 作成した表をもとに，検量線を作成する

☞ 相対移動度は普通目盛，分子量を対数目盛にする。

❹ 作成した検量線から，各試料たんぱく質の分子量を求める

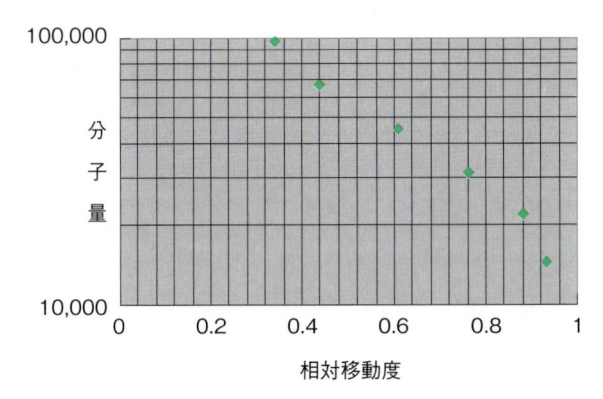

図 2-8　SDS ポリアクリルアミドゲル電気泳動検量線の作成例

表 2-2　分子量マーカーの各たんぱく質の相対移動度・分子量

相対移動度	分子量	たんぱく質名
0.34	97,400	フォスフォリラーゼ b
0.44	66,200	牛血清アルブミン
0.61	45,000	卵白アルブミン
0.76	31,000	炭酸脱水酵素
0.88	21,500	トリプシンインヒビター
0.93	14,400	卵白リゾチーム

（Bio-Rad 社　161-0304）

課題

（1）いろいろなたんぱく質の分子量を求めてみよう。

第3章　酵素活性の測定

1. 反応至適条件

☞第9章1. 分光分析の原理（p.97～）

　生体内での化学反応は，少数の非酵素的反応を除き，栄養素の消化や代謝など，酵素の触媒作用によるものである。酵素の生体触媒作用は化学反応の活性化エネルギーを低くすることによって生理的条件での化学反応を可能にしている。酵素反応は特定の物質のみを基質とするという基質特異性をもつ。

　酵素反応は基質濃度に依存するほかに，温度やpHの影響を受ける。恒温動物であるヒトの体温はほぼ一定であるが，生体内の基質濃度やpHは生理条件によって異なる場合があり，これらの変化によって酵素反応速度が影響を受ける。

✹目　的

　酵素反応がpHや温度，基質濃度によって影響を受けることを実験によって確認するとともに酵素反応速度論的な解析を行う。注目する酵素はエンドペプチダーゼの一種であるトリプシンである。酵素反応の進行状況を検出する方法にはいろいろあるが，今回は基質としてベンゾイルアルギニン-p-ニトロアニリドを用い，ペプチド結合の切断によって生じる色素の生成を分光光度計で追跡する。

準備する試薬

- □5μg/mL トリプシン溶液（Wako社　WAKO 208-13954を使用の場合）
- □0.4 mmol/L　p-ニトロアニリン
- □2 mmol/L　ベンゾイルアルギニン-p-ニトロアニリド　　☞DMSOで100 mmol/Lに調整し，蒸留水で2 mmol/Lに希釈して基質として使用。
- □蒸留水
- □30％酢酸溶液（反応停止液）
- □0.1 mol/L トリス塩酸緩衝液（Tris-HCl）（pH7.5）
- □pH 5・6・7・8・9・10の緩衝液

準備する器具

- □プランジャーピペット　　□チップ　　□試験管　　□試験管ミキサー　　□吸光度測定用セル
- □タイマー

準備する装置

- □分光光度計　　□恒温水槽

1 p-ニトロアニリンの検量線作成

トリプシンは，ベンゾイルアルギニン-p-ニトロアニリドを基質として図3-1に示すようにペプチド結合を切断し，生成物として黄色の色素であるp-ニトロアニリンを生成する。これを分光光度計を使って410 nmでの吸光度を測定することにより，反応速度を追跡する。

☞ 第9章2．発色法による生体成分の分析（p.100 〜）

ワンポイントアドバイス
トリプシンは，たんぱく質中のアルギニン，リジンなどの塩基性アミノ酸のカルボキシル基側を切断する基質特異性がある。

☞ Bz：ベンゾイル基

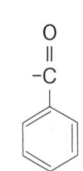

図3-1 トリプシンによるベンゾイルアルギニン-p-ニトロアニリドの分解

① 0.4 mmol/L p-ニトロアニリンを0.1 mol/L Tris-HCl（pH 7.5）で希釈する
4本の試験管に0（蒸留水）・0.1・0.2・0.3 mmol/L濃度の溶液1 mLを添加する

② 各試験管に蒸留水（1＋0.4）mLを添加する

③ 各試験管に30％酢酸溶液 0.6 mLを添加する

④ 試験管ミキサーでよく混合する

⑤ 分光光度計で410 nmでの吸光度を測定する

⑥ 縦軸にp-ニトロアニリンの濃度（mmol/L）または絶対濃度（mmol/L），横軸に吸光度をとり，検量線を引く

☞ 第1章3．希釈法（p.16 〜）を参照する。

ワンポイントアドバイス
0.4 mLは酵素量と同じである。

☞ 合計3 mLとなる。

☞ この濃度範囲であれば，検量線は直線になる。

酵素反応

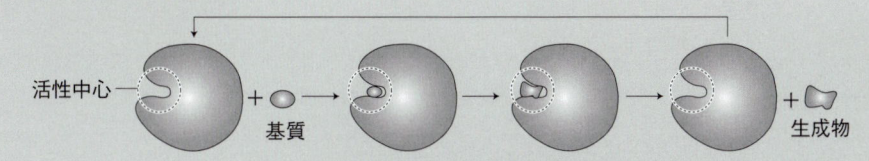

図3-2 酵素反応

酵素反応において，化学反応を受ける物質を基質，反応後にできた物質を生成物と呼ぶ。また酵素は活性中心を内在しており，一般に，活性中心に基質が結合する。

2 酵素活性に及ぼす pH の影響

酵素活性は反応液の pH に大きく影響を受ける。活性が最大になる pH の値は至適 pH として知られ，個々の酵素に特性的である。

❶ 6本の試験管に pH 5・6・7・8・9・10 の緩衝液 1 mL を添加する

☞ 実験中，酵素は 0～4℃ に置いておく。

❷ 各試験管に 2 mmol/L ベンゾイルアルギニン-p-ニトロアニリド 1 mL を添加する

❸ 37℃ の恒温水槽で 5 分間加温する

☞ あらかじめ加温をしておく。

❹ 各試験管に 5 μg/mL トリプシン溶液 0.4 mL を添加し，37℃ の恒温水槽で 30 分間加温する

ワンポイントアドバイス

酵素液を入れた瞬間に恒温水槽に試験管を入れ，時間をタイマーで計測する。1 分後，次の試験管に酵素液を添加し，同様に加温する。以下同様の操作を行う。

❺ 反応時間終了後，各試験管に 30% 酢酸溶液 0.6 mL を添加し，反応を停止する

❻ 分光光度計で 410 nm での吸光度を測定する

❼ ①で作成した検量線から酵素活性（反応速度）を求める

酵素活性の求め方

吸光度の値から検量線により，生成した p-ニトロアニリンの濃度（mmol/L）を求め，体積（3 mL）から生成物量を計算する。これを反応時間 30 分で割ることにより求める。

課題

（1）横軸に pH，縦軸に酵素活性をとり pH 依存性のグラフを書いてみよう。

3 酵素活性に及ぼす温度の影響

酵素活性は温度の影響を受ける。反応温度が 10℃ 上昇するごとに反応速度は約 2 倍になる。しかし，温度の上昇とともに酵素たんぱく質の熱変性が生じ，酵素反応の不活性化が起こる。酵素活性が最大の温度を最適温度と呼ぶ。

1. 恒温水槽で 10・25・37・45・60℃の恒温条件をつくる　　☞ 10℃は氷を使用して作成する
2. 5 本の試験管に 0.1 mol/L Tris-HCl（pH 7.5）1 mL を添加する
3. 各試験管に 2 mmol/L ベンゾイルアルギニン -p- ニトロアニリド 1 mL を添加する
4. 各恒温水槽で 5 分間加温する
5. 各試験管に 5 μg/mL トリプシン溶液 0.4 mL を添加する
6. 各恒温水槽で 30 分間加温する（時間を計る）
7. 各試験管に 30％酢酸溶液 0.6 mL を添加する
8. 410 nm での吸光度を測定し，酵素活性を求め，①で作成した検量線から酵素活性（反応速度）を求める

📖 酵素活性の単位

酵素活性を示す 1 単位（unit あるいは U）とは指定された条件下で 1 分間に 1 μmol の基質の変換を触媒する酵素量（標準測定温度は 30℃）に相当する。国際単位系（SI 単位）ではカタール（kat）と表記され，これは 1 秒間に 1 mol の基質の変換を触媒する酵素量に相当する。またたんぱく質 1 mg あたりの酵素活性を比活性（1 U = 1 μmol/min/mg）と呼び，酵素の純度を表すことができる。SI 単位ではたんぱく質 1 kg あたりのカタール数で表される。

課題

（1）横軸に温度，縦軸に酵素活性をとり温度依存性のグラフを書いてみよう。

1. 反応至適条件

4 酵素活性に及ぼす基質の影響

酵素濃度を一定にして，基質濃度［S］と酵素活性（反応速度）v の関係を調べると双曲線が得られる（p.42 図3-6）。基質濃度を大きくしていくと，ある一定の反応速度に達する。これを最大反応速度 V と呼び，双曲線は以下の式で表される。

$$v = \frac{(V \times [S])}{(K_m + [S])} \quad (\text{ミカエリス-メンテンの式})$$

また K_m をミカエリス定数と呼び，K_m は $1/2\,V$ の反応速度を示すときの基質濃度をいう。

❶ 2 mmol/L のベンゾイルアルギニン-p-ニトロアニリドを 0.1 mol/L Tris-HCl（pH 7.5）で希釈する
5本の試験管に 0（蒸留水）・0.4・0.8・1.2・1.6 mmol/L の濃度の基質溶液 1 mL を添加する

❷ 各試験管に 0.1 mol/L Tris-HCl（pH 7.5）1 mL を添加する

❸ 37℃の恒温水槽で 5 分間加温する

❹ 各試験管に 5 μg/mL トリプシン溶液 0.4 mL を添加し，37℃の恒温水槽で 30 分間加温する
☞酵素液を入れた瞬間から時間を計測する。

❺ 反応時間終了後，各試験管に 30％酢酸溶液 0.6 mL を添加し，反応を停止する

❻ 分光光度計で 410 nm での吸光度を測定する
☞実験は 2 回もしくは 3 回行い，結果を平均するとよい。

❼ ①で作成した検量線から酵素活性（反応速度）を求める

課題

（1）横軸に基質濃度，縦軸に酵素活性（反応速度）をとりグラフを書いてみよう。

5 ミカエリス-メンテン型の酵素の反応速度論

酵素反応は，酵素[E]が基質[S]と結合して酵素複合体[ES]を形成する反応と，それが酵素生成物[P]に解離する反応の2段階で行われる。

$$E+S \underset{K_2}{\overset{K_1}{\rightleftarrows}} ES \overset{K_3}{\rightarrow} E+P$$

反応のごく初期ではPの濃度は非常に低いため反応の初速度へのPの影響は無視できる。また，酵素反応の初期を考えるならば，[E+P]からの[ES]の生成速度は無視できる。

ESの生成速度 $= k_1[E][S]$

ESの分解速度 $= k_2[ES] + k_3[ES]$

Pが一定の速度で生成しているとき，(ESの生成速度) = (ESの分解速度) であるから，

$$k_1[E][S] = k_2[ES] + k_3[ES] = (k_2 + k_3)[ES]$$

したがって以下のようになる。

$$\frac{(k_2 + k_3)}{k_1} = \frac{[E][S]}{[ES]} \qquad \frac{(k_2+k_3)}{k_1}：速度定数で，ミカエリス定数（K_mで表す）という$$

上式は以下のようになる。

$$K_m = \frac{[E][S]}{[ES]}$$

さらに変形して以下のようになる。

$$\frac{[E]}{[ES]} = \frac{K_m}{[S]}$$

[E]Tを全酵素濃度とすると以下のようになる。

$$[E]T = [E] + [ES] \qquad [E] = [E]T - [ES]$$

[ES]で割る。

$$\frac{[E]}{[ES]} = \frac{([E]T - [ES])}{[ES]} = \frac{[E]T}{[ES]} - 1$$

$$\frac{[E]T}{[ES]} = \frac{K_m}{[S]} + 1$$

最大反応速度 V は全酵素量[E]Tに比例し，与えられた基質濃度における反応速度 v は，[ES]複合体として存在する酵素量に比例する。

したがって $\dfrac{[E]T}{[ES]}$ を $\dfrac{V}{v}$ で置き換えられる。

$$\frac{V}{v} = \frac{K_m}{[S]} + 1$$

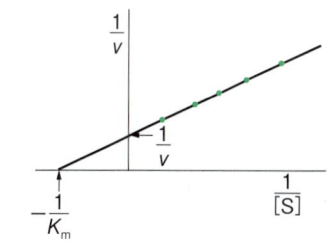

図3-3 ラインウィーバー–バーク二重逆数プロット法による K_m の求め方

これを変形すると以下の式が得られる。

$$v = \frac{(V \times [S])}{(K_m + [S])} \quad (\text{ミカエリス-メンテンの式})$$

この式の逆数で変形するとラインウィーバー–バークの式が得られる。

$$\frac{1}{v} = (K_m/V) \times (1/[S]) + \frac{1}{V}$$

$\dfrac{1}{v}$ と $\dfrac{1}{[S]}$ が変数で $\dfrac{K_m}{V}$ と $\dfrac{1}{V}$ は定数であり，通常，5種類ぐらいの基質濃度を選びそれぞれの反応速度を求め，$\dfrac{1}{[S]}$ を x 軸に，$\dfrac{1}{v}$ を y 軸にとり，得られた点をプロットすると直線が得られる（図3-3）。直線と y 軸との交点は $\dfrac{1}{V}$，x 軸との交点は $\dfrac{-1}{K_m}$ を示し，それらから V と K_m が求められる。

📖 酵素反応の速度・酸素量

酵素反応時間と生成物量
酵素反応は基質が十分存在し，酵素量，温度，pH などの条件が適当であれば，少なくともある一定の時間内では反応生成物が増え続ける（図3-4）。このときの直線の傾きが反応速度となる。しかし，反応成生物は時間経過に伴い一定となり，反応速度は低下していく。

酵素量と反応速度
基質濃度が十分であれば，通常，酵素量に比例して反応速度は増加する（図3-5）。しかし，酵素量が多すぎると酵素量に比例した反応速度の増加はみられなくなる。

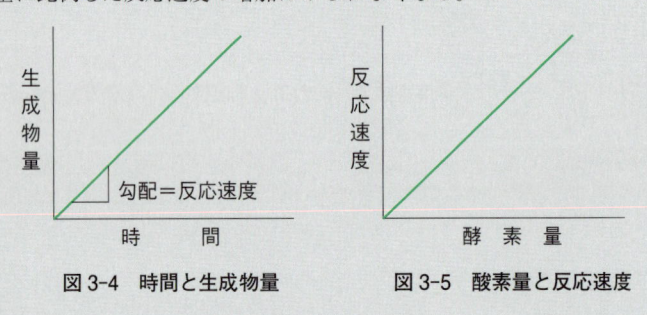

図3-4　時間と生成物量　　図3-5　酸素量と反応速度

酵素の調製
生体試料としてそのまま使用することができるものに，血清，唾液などがある。臓器の場合は，細胞膜を破壊した後，試料として用いる。細胞小器官に含まれる酵素の場合には，さらにその膜を破壊して試料を調製する必要がある。

📖 K_m（ミカエリス定数）

K_m は各酵素に固有の値で，単位はモル濃度（mol/L）。最大反応速度の1/2の反応速度を示すときの基質濃度で酵素と基質の親和性を表す。その値が小さい程，酵素と基質の結合が起こりやすく，一方その値が大きい程，酵素と基質の結合が起こりにくい。

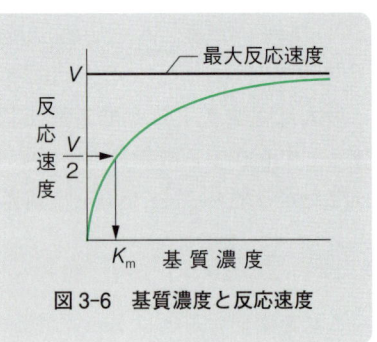

図3-6　基質濃度と反応速度

🔍 課　題

（1）④において最大反応速度 V とミカエリス定数 K_m を求めよう。

2. 補酵素・金属による活性化

☞第9章1. 分光分析の原理（p.97〜）

　酵素反応の中で，酵素が補助因子を要求する場合，補助因子が存在しないと反応は進まない。補助因子としてカルシウムイオンやマグネシウムイオンなどの金属イオンが必要な酵素を金属酵素と呼ぶ。また補助因子の中で補酵素を必要とする酵素がある。補酵素は低分子の有機化合物であり，そのほとんどがビタミンを構造の一部に含み，原子団（基）の受容体や供与体として働く。

✳ 目　的

　乳酸脱水素酵素はピルビン酸と乳酸の反応を可逆的に触媒する酵素で，補酵素としてNAD^+－NADH系を必要とする。乳酸脱水素酵素の測定法を理解し，補酵素の役割を理解する。

　乳酸脱水素酵素はほとんどの細胞に含まれる酵素で，本来その細胞内で働いているが，血液中に逸脱することもある。血清中に酵素活性がみられる場合の臨床意義について理解を深める。

1 乳酸脱水素酵素活性に及ぼす補酵素（NADH）の影響

🔹準備する試料

- ☐ 乳酸脱水素酵素　　　　　　　　　　　　　　☞ 血清か市販の酵素を用いる。
- ☐ 0.1 mol/L　リン酸緩衝液（pH 7.4）
- ☐ 14 mmol/L　NADH・2 Na（リン酸緩衝液で調整）
- ☐ 1 mmol/L　ピルビン酸ナトリウム（リン酸緩衝液で調整）　　☞ 基質として使用する。
- ☐ 2 mmol/L　2,4-ジニトロフェニルヒドラジン　　☞ 40 mgを9 mLの濃塩酸に溶解し，水で100 mLにする。
- ☐ 0.4 mol/L　水酸化ナトリウム

🔹準備する器具

- ☐ プランジャーピペット　　☐ チップ　　☐ 試験管　　☐ 試験管ミキサー
- ☐ 吸光度測定用セル（石英，ガラス）　　☐ タイマー

🔹準備する装置

- ☐ 分光光度計　　☐ 恒温水槽

① 4本の試験管（A・B・C・D）を用意する　　　　　　☞第9章2．発色法による生体成分の分析
　↓　　　　　　　　　　　　　　　　　　　　　　　　　（p.100～）
② 試験管A・B・Dそれぞれに1 mmol/L ピルビン酸ナトリウム1
　 mLを添加する
　↓
③ リン酸緩衝液を試験管Bに0.1 mL，試験管Cに1.1 mL，試験管
　 Dに0.2 mL添加し混合する
　↓
④ 試験管AにNADH 0.1 mLを添加し混合する
　↓
⑤ 37℃で10分間加温する
　↓
⑥ 試験管A・B・Cに酵素液0.1 mLを添加し，よく混合する　　　☞試験管Dはコントロール試験用である。
　↓　　　　　　　　　　　　　　　　　　　　　　　　　　　☞実験中，酵素は0～4℃に置いておく。
⑦ 37℃で15分間加温する
　↓
⑧ 2 mmol/L 2,4-ジニトロフェニルヒドラジン1 mLを添加し，室温　☞ピルビン酸は2,4-ジニトロフェニルヒド
　 で20分間放置する　　　　　　　　　　　　　　　　　　　　　ラジンと脱水縮合してヒドラゾンをつく
　↓　　　　　　　　　　　　　　　　　　　　　　　　　　　　り，アルカリ性で褐色のキノイド型とな
⑨ 水酸化ナトリウム10 mLを添加し，発色させる　　　　　　　　る。
　↓
⑩ 水を対照に510 nmでの吸光度を測定する
　↓
⑪ 15分間にピルビン酸から乳酸に変化した量を次式により求める　☞測定を3回行い，平均する。

$$\frac{((試験管4の吸光度)-(試験管1あるいは試験管2の吸光度))}{((試験管4の吸光度)-(試験管3の吸光度))} \times 10\ \mu g$$

課題

（1）NADHの添加量を変えて測定を行ってみよう。

📖 アポ酵素

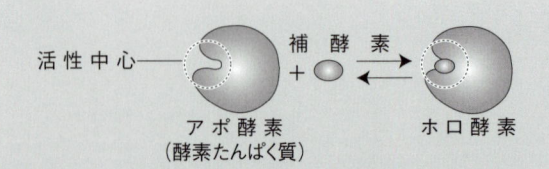

活性中心 ── 　　補　酵　素
　　　　　　　　＋　●　⇄
　　　　　アポ酵素　　　　　ホロ酵素
　　　　（酵素たんぱく質）

図3-7　アポ酵素・ホロ酵素

補酵素が活性中心に結合する酵素の場合，補酵素が結合したかたちをホロ酵素と呼び，結合していない形をアポ酵素と呼ぶ。

2 NADHを利用した乳酸脱水素酵素活性の測定

NADHの最大吸収波長340 nmの測定により，乳酸脱水素酵素活性の測定を行う。

準備する試薬
- ☐ 乳酸脱水素酵素 　　　　　　　　　　　　　　　　☞血清か市販の酵素を用いる。
- ☐ 0.1 mol/L リン酸緩衝液（pH 7.4）　　☐ 3.5 mmol/L NADH・2 Na（リン酸緩衝液で調整）
- ☐ 21 mmol/L ピルビン酸ナトリウム（リン酸緩衝液で調整）
- ☐ 10 mmol/L および 20 mmol/L シュウ酸ナトリウム（リン酸緩衝液で調整）

準備する器具
- ☐ プランジャーピペット　　　☐ チップ　　☐ 試験管　　☐ 試験管ミキサー
- ☐ 吸光度測定用セル（石英，ガラス）　　☐ タイマー

準備する装置
- ☐ 分光光度計　　☐ 恒温水槽

❶ 3本の試験管（A・B・C）それぞれにリン酸緩衝液3 mLを添加する

❷ 各試験管に3.5 mmol/L NADH・2 Na 1 mLを添加する

❸ 各試験管に乳酸脱水素酵素0.15 mLを添加し，37℃で10分間加温する

❹ 21 mmol/L ピルビン酸ナトリウム2〜3 mLを37℃で10分間加温する

❺ 10 mmol/L および 20 mmol/L シュウ酸ナトリウム1 mLを37℃で10分間加温する

❻ 試験管Aの混合液をセルに移し，分光光度計で波長340 nmでの吸光度を測定する

☞石英のセルを使用する。このとき，吸光度は約1.2になっている。
☞ピペッティングによる混合でよい。
☞分光光度計の機種によっては1.0を超えると直線性が得られない場合がある。その場合は0.850から0.150までの変化に要する時間（秒）を測定する。

❼ セルをとり出し，❹のピルビン酸ナトリウム0.5 mLを加え，よく混合する

❽ セルを戻し，吸光度が1.150から0.150まで変化する時間（秒）を測定する

❾ 試験管Bについて❻，❼を同様に行い，❺の10 mmol/L シュウ酸ナトリウム0.1 mLを加える

☞シュウ酸の添加理由を考えてみよう

❿ セルを戻し，吸光度が1.150から0.150まで変化する時間（秒）を測定する

☞測定を3回行い，平均値を求めるとよい

⓫ 試験管Cは❺の20 mmol/L シュウ酸ナトリウムについて同様に実験を行う

⓬ 吸光度の変化量（1.000）を横軸にとり，それに対する時間（秒）を縦軸にとりグラフを作成する

3 日本臨床化学会の常用基準法を用いた乳酸脱水素酵素活性の測定

乳酸脱水素酵素は，次の反応を可逆的に触媒する。

$$\begin{array}{c}CH_3\\|\\C=O\\|\\COO^-\end{array} + NADH+H^+ \xrightleftharpoons[pH9.5\sim10.0]{pH6.0\sim8.5 \atop LD} \begin{array}{c}CH_3\\|\\H-C-OH\\|\\COO^-\end{array} + NAD^+$$

ピルビン酸　　　　　　　　　　　　　　乳酸

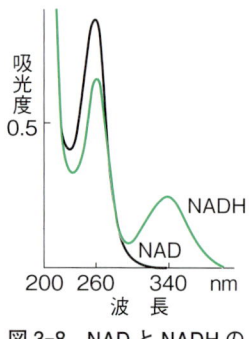

図 3-8 NAD と NADH の紫外部吸収曲線

したがって，試験管内で酵素活性を測定する場合，どちらの反応を利用するべきか問題となるが，pH 6.0 〜 8.5 ではピルビン酸から乳酸，pH 9.5 〜 10.0 では乳酸からピルビン酸の反応を触媒する。①では酵素反応の結果，減少したピルビン酸の量を 2,4-ジニトロフェニルヒドラジン法にて測定している。②では酵素反応の結果，減少した NADH の量を波長 340 nm の測定を行うことにより求めた。NAD^+，NADH はともに波長 260 nm の光を吸収するが，NADH だけが 340 nm の光も吸収する。この実験では乳酸からピルビン酸への活性を NAD^+ から NADH の生成から求めることにより行う。この方法は，日本臨床化学会の常用基準法である。

準備する試薬

- □ 乳酸脱水素酵素　　　　　　　　　　　　　　　☞血清か市販の酵素を用いる。
- □ 0.36 mol/L ジエタノールアミン − 塩酸（pH 8.8）　　□ 60 mmol/L NAD^+
- □ 72 mmol/L 乳酸（ジエタノールアミン − 塩酸で調整）

準備する器具

- □ プランジャーピペット　　□ チップ　　□ 試験管　　□ 試験管ミキサー
- □ 吸光度測定用セル

準備する装置

- □ 分光光度計　　□ 恒温水槽　　　　　　　　　☞セルホルダー内が恒温できるタイプの分光光度計がよい。

❶ 試験管に 72 mmol/L 乳酸 2.5 mL を添加する
❷ 60 mmol/L NAD^+ 0.3 mL を加える
❸ 37℃の恒温槽で 5 分間加温する
❹ 酵素 0.2 mL を加える
❺ 37℃で 20 秒間放置する
❻ セルに移し，340 nm での吸光度（A_0）を測定する
❼ 1 分後の 340 nm での吸光度（A_1）を測定する
❽ ΔA_1（$= A_1 − A_0$）を求める
❾ 酵素液の代わりに生理食塩水 0.2 mL を添加する

☞赤血球中の乳酸脱水素活性は血清の約 160 倍あるので，血清をサンプルとして使用する場合は，溶血に注意する。

☞ホルダー内が 37℃に保てるのが望ましい。石英のセルを使用する。

⑩ ΔA_2（$= A_2 - A_0$）を求める

⑪ 乳酸脱水素活性を次式で求める

$$乳酸脱水素活性 = \frac{(\Delta A_1 - \Delta A_2)}{6.3 \times 10^3} \times (3.0/0.2) \times 10^6 \ (U/L)$$

☞ 血清などの酵素活性は1Lあたりの単位で表される。⑪の計算は，6.3×10^3がNADHのモル吸光係数，10^6はmolからμmolの変換，3.0は反応系の最終液量，0.2は，添加した酵素液量である。

☞ 正常値は120〜240 U/Lである。

血清乳酸脱水素酵素の臨床意義とアイソザイム

乳酸脱水素酵素はほとんどの組織や臓器に広く分布しており，乳酸脱水素酵素が含まれる臓器が損傷を受けると，その組織から乳酸脱水素酵素が逸脱し血液中に漏れ出すため，血清中の濃度が上昇し，血清乳酸脱水素酵素の活性が上昇する。血清中の酵素活性が高値を示す病態としては，心筋梗塞，悪性腫瘍，肺疾患，溶血性貧血，白血病や筋ジストロフィがあり，低値を示す病態では，血清乳酸脱水素酵素サブユニット欠損症，免疫抑制剤投与などがある。また乳酸脱水素酵素にはH型，M型の2種類のサブユニット4個から構成される5種類のアイソザイムがある（表3-1）。臓器によりこれらのアイソザイムの比率が異なり，心筋ではLD1が多く，肝臓および骨格筋ではLD5が多い。したがって，アイソザイム分画では，心疾患ではLD1，LD2，肝疾患ではLD5，白血病ではLD2，LD3が高値を示す（図3-9）。

表3-1 乳酸脱水素酵素アイソザイム

LD1	HHHH
LD2	HHHM
LD3	HHMM
LD4	HMMM
LD5	MMMM

[健常者例（LD2型が最も高い）]
28.4 35.0 25.1 7.4 4.1 (%)

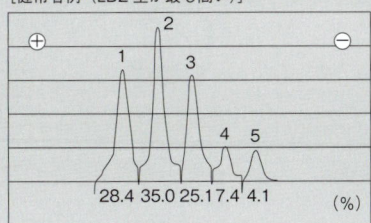

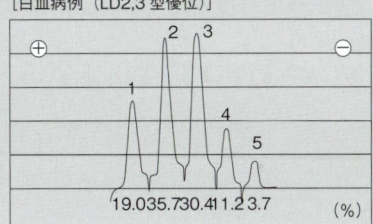

[白血病例（LD2,3型優位）]
19.0 35.7 30.4 1.2 3.7 (%)

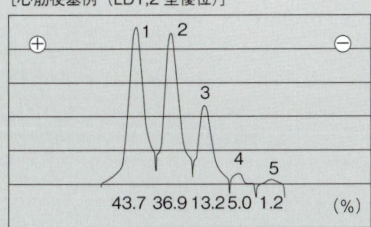

[心筋梗塞例（LD1,2型優位）]
43.7 36.9 13.2 5.0 1.2 (%)

[肝炎，慢性肝炎活動期例（LD5型優位）]
15.0 20.7 14.1 7.0 49.2 (%)

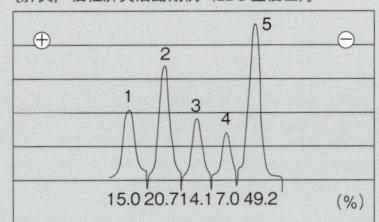

図3-9 電気泳動によるアイソザイムの分離

アイソザイム

同一の酵素反応において同じ基質特異性を示すが，分子量，酵素特性，物理化学的性質，免疫化学的性質の異なる一群の酵素をいう。ヘキソキナーゼはⅠ〜Ⅳの4種類の酵素が知られており，特にヘキソキナーゼⅣはグルコキナーゼとも呼ばれている。K_mがほかの3種類の酵素よりも大きい特徴をもつ。

課題

（1）③を30℃で行い，37℃と比較してみよう（活性は約1.7倍低下していると考えられる）。

3. 酵素反応の阻害

　酵素分子の特定の部分に入り込んで酵素活性を低下させる物質を阻害剤という。生体内でつくられた阻害剤は，酵素活性を制御することにより代謝調節が行われる。また，医薬品の中には酵素の阻害剤として働くことにより，機能を発揮するものもある。

　阻害は競合阻害，非競合阻害，不競合阻害の3種の様式があり，ラインウィーバー－バーク二重逆数プロットにより阻害様式を調べることができる。

☀ 目　的

　酵素としてニワトリ小腸アルカリホスファターゼを使用し，実験により競合阻害について理解を深めるとともにアルカリホスファターゼ活性の臨床意義について学ぶ。

準備する試薬

□アルカリホスファターゼ（ニワトリ小腸粗酵素液抽出を用いる）
□0.9％ 生理食塩水
□20 mmol/L Tris-HCl（pH 7.5）
□0.1 mol/L グリシン -NaOH（pH 10）
□10 mmol/L p-ニトロフェニルリン酸（グリシン緩衝液で調整）
□0.2 mol/L 水酸化カリウム
□10 mmol/L フェニルアラニン

準備する器具

□ホモジナイザー　　□プランジャーピペット　　□チップ　　□試験管
□試験管ミキサー　　□吸光度測定用セル　　　　□ハサミ　　□スパーテル

準備する装置

□分光光度計　　□恒温水槽

1 ニワトリ小腸粗酵素液抽出

❶ ニワトリ小腸を約 10 cm 程度とる

❷ ハサミで切開して，生理食塩水中で洗浄する

❸ スパーテルで小腸上皮細胞をこそげとる　　☞ 0.2 g 程度でよい。

❹ 上皮細胞重量 30 倍量の 20 mmol/L Tris-HCl（pH 7.5）を加える

❺ ホモジナイズしたものを小腸粗酵素液とする
☞ ホモジナイズについては第 5 章を参照。
☞ 実験中，酵素は 0 〜 4℃に置いておく。

📖 アルカリホスファターゼ

　リン酸モノエステルを基質とする加水分解酵素の中で至適 pH がアルカリ側（pH 8 〜 10）にあるものをアルカリホスファターゼという。

$$R \cdot O - \underset{OH}{\overset{OH}{P}} = O + H_2O \longrightarrow R \cdot OH + HO - \underset{OH}{\overset{OH}{P}} = O$$

　アルカリホスファターゼは骨の石灰化に関与しているといわれており，血清のアルカリホスファターゼ活性の上昇は，骨疾患や肝疾患の診断にも利用されている。ヒト上科のアルカリホスファターゼには肝／腎／骨型，小腸型，胎盤型の 3 種類のアイソザイムが存在していることが知られており，これらの酵素は免疫反応性，阻害剤の影響，耐熱性ならびにノイラミニダーゼ処理（シアル酸が除かれる）による影響を調べることにより，容易に区別される。

2 酵素量におけるアルカリホスファターゼの活性測定
☞第9章 1. 分光分析の原理（p.97 ～）

酵素量を変えて，酵素活性を測定する

（1）ブランク測定

❶ 5本の試験管それぞれに 10 mmol/L p-ニトロフェニルリン酸 0.5 mL を加える

❷ 各試験管に 0.2 mol/L 水酸化カリウム 2 mL を加える

❸ 各試験管にニワトリ小腸粗酵素液 10・20・30・40・50 μL を加える　　☞実験中，酵素は 0 ～ 4℃に置いておく。

❹ 50 μL よりも酵素量が少ないものは水を加え，50 μL とする

❺ 37℃の恒温水槽で 15 分間加温する

❻ 分光光度計で 410 nm での吸光度を測定し，ブランクを求める

（2）酵素活性測定

❶ 5本の試験管それぞれに 10 mmol/L p-ニトロフェニルリン酸 0.5 mL を加える

❷ 各試験管にニワトリ小腸粗酵素液 10・20・30・40・50 μL を加える　　☞実験中，酵素は 0 ～ 4℃に置いておく。

❸ 50 μL よりも酵素量が少ないものは水を加え，50 μL とする

❹ 37℃の恒温水槽で 15 分間加温する

❺ 各試験管に 0.2 mol/L 水酸化カリウム 2 mL を加える　　☞反応を停止する。

❻ 分光光度計で 410 nm での吸光度を測定する

❼ ブランクの値を引き，酵素活性を求める

❽ p-ニトロフェノールのモル吸光係数を 18.1×10^3 として反応速度を求める　　☞注意：酵素 50 μL で活性が適当であれば，以下この容量を使用する。

酵素活性の測定と計算例

　小腸型アルカリホスファターゼ（ALP）は，基質特異性が低いことが知られている。したがって，本実験では基質として p-ニトロフェニルリン酸を用いるが，生じた反応生成物である p-ニトロフェノールは，アルカリの添加により黄色を呈する。p-ニトロフェノールの 410 nm の吸光度測定を比色定量で行うことにより，酵素活性を測定できることになる。

$$NO_2-\bigcirc-OPO_3H_2 \xrightarrow{ALP} NO_2-\bigcirc-OH + H_3PO_4$$

PNP-Ⓟ（無色）　　　　　　　　　PNP（アルカリ性で黄色）

　Lambert-Beer の法則により，吸光度＝溶液の濃度（mol/L）×溶液層の厚さ×モル吸光係数であるので，1.0 cm のセルを使用したときの吸光度がもし 1.0 であれば $1.0 = c \times 1.0 \times 18.1 \times 10^3$（$c$ は濃度），したがって，濃度を μmol/L に変換するため 10^6 を乗じると $c = \left(\dfrac{1.0}{18.1 \times 10^3}\right) \times 10^6 = 55.2$ μmol/L，測定溶液は 2.55 mL であるので，nmol に変換して $55.2 \times \left(\dfrac{2.55}{1,000}\right) \times 1,000 = 141$ となり，141 nmol の生成物が生成したと考えられる。反応時間が 15 分であるので，$\dfrac{141}{15} = 9.4$ nmol/min が酵素活性として計算される。

課題

（1）酵素量を 50 μL に固定し，反応時間を 0・5・10・20・30 分と変えて実験を行ってみる。横軸に時間，縦軸に生成物量をとり，グラフに表してみよう。

3 アルカリホスファターゼ活性の阻害

☞第9章 1. 分光分析の原理（p.97〜）

フェニルアラニンを阻害剤として使用し，阻害様式を検討する。

（1）ブランク測定

① 10 mmol/L p-ニトロフェニルリン酸を 0.1 mol/L グリシン-Na（pH10）で希釈する
5本の試験管に 10・20・40・70・100 μmol/L 濃度の溶液 0.5 mL を添加する

↓

② 各試験管に 0.2 mol/L 水酸化カリウム 2 mL を加える

↓

③ 各試験管にニワトリ小腸粗酵素液 50 μL を加える　　☞実験中，酵素は 0〜4℃に置いておく。

↓

④ 分光光度計で 410 nm での吸光度を測定し，ブランクを求める　　☞実際には加温しないで⑥の操作を行う。

（2）阻害剤なしの酵素活性測定

① 10 mmol/L p-ニトロフェニルリン酸を 0.1 mol/L グリシン-Na（pH 10）で希釈する
5本の試験管に 10・20・40・70・100 μmol/L 濃度の溶液 0.5 mL を添加する

↓

② 各試験管にニワトリ小腸粗酵素液 50 μL を加え，37℃で 15 分間加温する　　☞実験中，酵素は 0〜4℃に置いておく。

↓

③ 各試験管に 0.2 mol/L 水酸化カリウム 2 mL を加え，反応を停止する

↓

④ 分光光度計で 410 nm での吸光度を測定する

↓

⑤ ブランクの値を引き，p-ニトロフェノールのモル吸光係数を 18.1×10^3 として反応速度を求める

（3）阻害剤ありの酵素活性測定

① 10 mmol/L p-ニトロフェニルリン酸を 0.1 mol/L グリシン-Na（pH 10）で希釈する　　☞実験中，酵素は 0〜4℃に置いておく。
5本の試験管に 10・20・40・70・100 μmol/L 濃度の溶液 0.5 mL を添加する

↓

② 各試験管に阻害剤である 10 mmol/L フェニルアラニン 50 μL を加える

↓

③ 各試験管にニワトリ小腸粗酵素液 50 μL を加え，37℃で 15 分間加温する

↓

④ 各試験管に 0.2 mol/L 水酸化カリウム 2 mL を加え，反応を停止する

↓

⑤ 分光光度計で 410 nm での吸光度を測定する

↓

⑥ ブランクの値を引き，p-ニトロフェノールのモル吸光係数を 18.1×10^3 として反応速度を求める

> **ワンポイントアドバイス**
> アルカリホスファターゼのアイソザイムの中で小腸型のアルカリホスファターゼの阻害剤としてフェニルアラニンが，肝/腎/骨型のアルカリホスファターゼの阻害剤としてホモアルギニンが知られている。

課題

（1）ラインウィーバー-バーク二重逆数プロットから本実験の阻害様式を求めてみよう。

2種類の阻害様式

競合阻害，非競合阻害についてまとめる。

競合阻害は，酵素の活性中心に基質と構造のよく似た阻害剤が基質と競合して結合することにより起こる阻害である。阻害の程度は基質濃度に依存し，基質濃度が高ければ，阻害物質の存在下でも最大反応速度に達する（阻害は起こらない）。競合阻害剤の存在下，非存在下でラインウィーバー–バーク二重逆数プロットを行うと，2本の直線は，y軸上で交わる（図3-10）。このプロットから競合阻害の場合は，最大反応速度は変わらず，$-1/K_m$は小さな値となるので，K_mは大きくなることがわかる。したがって，酵素と基質の親和性が低くなる。

一方，競合阻害物質がないときのミカエリス–メンテンの式は，$v = (V \times [S])/(K_m + [S])$であり，競合阻害物質があるときの式は$v = (V \times [S])/(K_m \times (1 + i/K_i) + [S])$である。したがって，競合阻害剤があるときの$K_m$，すなわちみかけの$K_m$（$K_m$みかけ）は$K_m$みかけ$= K_m (1 + i/K_i)$となる。ここで，$i$は競合阻害剤の濃度，$K_i$は阻害物質定数である。$K_m$，$K_m$みかけ，$i$は実験から求まるので，容易に$K_i$が計算できる。

非競合阻害は，酵素の活性中心とは異なる部位に阻害剤が結合し，活性中心の構造に影響を与える。基質の結合は影響を受けないが，生じた酵素–基質–阻害剤複合体は分解することができず，そのため酵素反応が起こりにくくなる。また，非競合阻害剤は，基質が結合した状態の酵素にも，結合していない酵素にも結合して効果を発揮する。非競合阻害剤の存在下，非存在下でラインウィーバー–バーク二重逆数プロットを行うと，2本の直線は，x軸上で交わる（図3-11）。このプロットから非競合阻害の場合は，K_mは変わらず，$1/V$は大きな値となるので，Vは小さくなることがわかる。したがって，酵素と基質の親和性は変わらず，最大反応速度（V）は低下する。

一方，非競合阻害剤があるときのミカエリス–メンテンの式は，$v = (V \times [S])/((K_m + [S]) \times (1 + i/K_i))$である。したがって，非競合阻害剤があるときの最大反応速度をV_iとすると$V_i = V/(1 + i/K_i)$となる。V，V_i，iは実験から求まるので，容易にK_iが計算できる。

不競合阻害については，生化学辞典など参考文献を参照されたい。

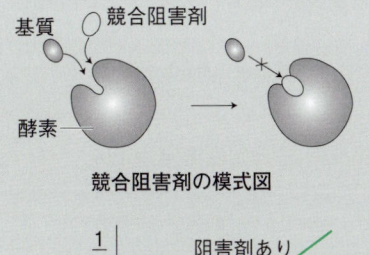

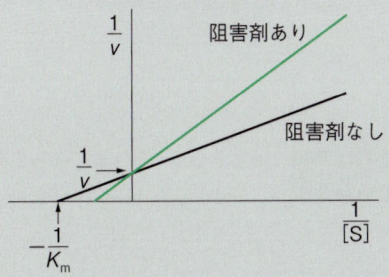

図3-10 競合阻害剤の有無によるラインウィーバー–バーク二重逆数プロットの変化

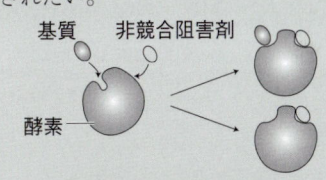

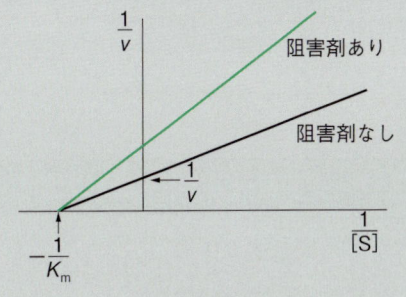

図3-11 非競合阻害剤の有無によるラインウィーバー–バーク二重逆数プロットの変化

第4章 血液の生化学検査

血液は栄養素やホルモンの輸送および老廃物の排出の経路である。また，血液中には各種臓器からの逸脱酵素も存在する。血液は試料として採取しやすいことから，生化学実験の試料だけではなく，栄養状態の判断，臨床診断の試料としてもよく用いられている。この章では，血液の生化学検査を行うことによって，測定値のもつ精度と臨床学的意義について理解を深める。

1. 血　糖

☞第9章1．分光分析の原理（p.97～）

血中のグルコースは，肝臓・筋肉への貯蔵，脂肪細胞への貯蔵，各種細胞におけるエネルギー源として消費され，① 食事や糖質の摂取，② 肝臓グリコーゲンからグルコースへの分解，③ 糖新生により供給される。血糖値は，インスリン，アドレナリン，グルカゴンなどのホルモンによりほぼ一定に調節される。

✻ 目　的

空腹時の血糖値は，60～100 mg/100 mL の範囲にあり，食事摂取により上昇し，インスリンの作用により低下する。血糖値，HbA1c，フルクトサミンなどの測定結果は，糖尿病や糖質代謝異常に関連した疾患の診断および治療経過の観察に利用される。血糖値は採血時の血糖状況を示し，早朝空腹時の血糖値を糖尿病の診断基準にしている。HbA1c，フルクトサミンは血糖が非酵素的に血液中のたんぱく質に結合した状態で，過去の血糖値を反映している。

準備する試薬

☐ リン酸緩衝液（1/15 mol/L，pH 7.0）
〔調製法〕リン酸二水素カリウム（KH_2PO_4：分子量〔MW〕= 136.1）3.63 g およびリン酸水素二ナトリウム（Na_2HPO_4・$12H_2O$：MW = 358.1）14.3 g を水に溶かして 1 L とする

☐ 酵素発色液
〔調製法〕上のリン酸緩衝液に以下のものを溶解する。調製後の濃度は，グルコースオキシダーゼ（GOD）20 U/mL，ペルオキシダーゼ（POD）0.14 U/mL，ムタローゼ 0.034 U/mL，4-アミノアンチピリン（4-AA：$C_{11}H_{13}N_3O$：MW = 203.2）0.06 mg/mL，フェノール（C_6H_5OH：MW = 94.1）0.4 mg/mL である

☐ グルコース標準溶液（200 mg/100 mL）
〔調製法〕グルコース（$C_6H_{12}O_6$：MW = 180.2）200 mg をとり，水で溶解後 100 mL とする

準備する器具

☐ プランジャーピペット　☐ チップ　☐ 小試験管　☐ 吸光度測定用セル

準備する装置

☐ 分光光度計　☐ 恒温水槽

1 ムタローゼ・グルコースオキシダーゼ法による血糖値測定

☞第9章2．発色法による生体成分の分析（p.100～）

$$\alpha\text{-D-グルコース} \xrightarrow{\text{ムタローゼ}} \beta\text{-D-グルコース}$$

$$\beta\text{-D-グルコース} + O_2 + H_2O \xrightarrow{\text{GOD}} H_2O_2 + \text{グルコン酸}$$

$$H_2O_2 + 4\text{-AA} + \text{フェノール} \xrightarrow{\text{POD}} \text{赤色キノン色素} + 4H_2O$$
（505 nm に吸収極大）

> 溶液中におけるグルコースは，α-D-グルコースとβ-D-グルコースが平衡状態にある。
>
> α-D-グルコース ⇌ 非環状構造 ⇌ β-D-グルコース
> 　　36.5%　　　　　　　　　　　　　　63.5%
>
> グルコースオキシダーゼ（GOD）はβ-D-グルコースにのみ特異的に作用し，α-D-グルコースには作用しない。溶液中のβ-D-グルコースが消費されたときにのみ，α-D-グルコースがβ-D-グルコースに非酵素的に転位し，平衡が保たれる。ムタローゼは，α-D-グルコースを酵素的にβ-D-グルコースに転位する。

小試験管を3本（A・B・C）用意する。試料(S)，標準(Std)，ブランク(B)用とする。

❶ 小試験管Aに試料0.02 mL，Bに標準溶液0.02 mL，Cに水0.02 mLを加える

☞ 0.02 mL = 20 μLという少量なので，ピペットでの採取時にはチップ中に一定量採取できているか確認する。

❷ 小試験管A・B・Cに酵素発色液3 mLを加え混和する

☞ 十分に混和する。混和が足りない場合，酵素反応が均一に起こらないので，均一に着色しない。

❸ 37℃で10分間加温する

❹ 波長505 nmでの吸光度を測定する

❺ 試料，標準溶液の吸光度をブランク値で補正後，下の式によりグルコース濃度を求める

$$\text{グルコース濃度（mg/100 mL）} = \frac{\text{試料の吸光度}}{\text{標準溶液の吸光度}} \times 200$$

(mL)

	試験管A 試料 (S)	試験管B 標準 (Std)	試験管C ブランク (B)
試　　料	0.02	—	—
標準溶液	—	0.02	—
水	—	—	0.02
酵素発色液	3.00	3.00	3.00

2 グルコース標準溶液を使用する方法

グルコース標準溶液を使用して検量線を作成しこれよりグルコース濃度を求める。

❶ グルコース標準溶液（200 mg/100 mL），水で2倍に希釈したもの（グルコース濃度：100 mg/100 mL），4倍に希釈したもの（50 mg/100 mL）を用意する

❷ 小試験管を3本（A・B・C）用意する
小試験管Aにグルコース標準溶液0.02 mL，Bに2倍に希釈したもの0.02 mL，Cに4倍に希釈したもの0.02 mLを加える
上記②〜④と同様の操作で吸光度を測定後，検量線を作成する

❸ 検量線にサンプルの吸光度をあてはめて，グルコース濃度を求める

課題

（1）糖尿病の診断に用いられる判定基準を調べてみよう。
（2）血糖コントロールの指標としてHbA1c，フルクトサミンがあるが，これについて調べてみよう。

2. 中性脂肪

☞第9章1. 分光分析の原理（p.97〜）

血中脂質の総量は，350〜650 mg/100 mL で中性脂肪が多くの部分を占めている。

血中の中性脂肪には，① 食後消化吸収され，キロミクロン中に組み込まれた食事由来のもの，② 肝臓で合成され，超低密度リポたんぱく質（VLDL）に組み込まれたものの2種類がある。これらは，末梢組織のリポたんぱく質リパーゼ（LPL）によって分解され，生じた脂肪酸は，組織内に取り込まれ代謝される。

✲ 目 的

血中の中性脂肪は，食事の影響を大きく受け，特に糖質の摂取量が多いと血中濃度が増加することが知られている。また，動脈硬化症や心冠動脈疾患において高い相関をもつことが報告されている。

準備する試薬

☐ グッド緩衝液（50 mmol/L，pH 6.5）

〔調製法〕 ピペラジン-N, N'-ビス（2-エタンスルホン酸）（PIPES）（$C_8H_{18}N_2O_6S_2$：MW = 302.36）15.118 g，NaOH 2 g を水に溶かして1 L とする
この液 100 mL に対し 50 mmol/L NaOH 20 mL を加え混和，pH 6.5 に調製する

☐ 酵素発色液

〔調製法〕 グッド緩衝液に以下のものを溶解する。調製後の濃度は LPL 99 U/mL，グリセロールキナーゼ（GK）30 U/mL，グリセロール 3-リン酸オキシダーゼ（GPO）1.0 U/mL，ペルオキシダーゼ（POD）5.5 U/mL，ATP 1.7 μmol/mL，4-アミノアンチピリン（4-AA）0.11 μmol/mL，DAOS 0.54 μmol/mL である

☐ トリアシルグリセロール標準溶液（トリオレイン 300 mg/100 mL）

〔調製法〕 トリオレイン 300 mg をイソプロピルアルコールに溶解，Triton-X100 10 mL を加えイソプロピルアルコールで 100 mL とする

準備する器具

☐ プランジャーピペット　　☐ チップ　　☐ 小試験管　　☐ 吸光度測定用セル

準備する装置

☐ 分光光度計　　☐ 恒温水槽

1 グリセロリン酸オキシダーゼ法による中性脂肪測定

☞第9章2．発色法による生体成分の分析（p.100〜）

トリグリセリド + $3H_2O$ $\xrightarrow{LPL}$ グリセリン + 3 脂肪酸

グリセリン + ATP $\xrightarrow{GK}$ グリセロール-3-リン酸 + ADP

グリセロール-3-リン酸 + O_2 $\xrightarrow{GPO}$ ジヒドロキシアセトンリン酸 + H_2O_2

上記反応で生じた H_2O_2 を発色させ，比色定量する。

$2H_2O_2$ + 4-アミノアンチピリン + DAOS $\xrightarrow{POD}$ [青色色素]OH^- + $3H_2O$

小試験管を3本（A・B・C）用意する。試料（S），標準（Std），ブランク（B）用とする。

① 小試験管 A に試料 0.02 mL，B に標準溶液 0.02 mL，C に水 0.02 mL を加える

② 小試験管 A・B・C に酵素発色液 3 mL を加え混和する

③ 37℃で5分間加温する

④ 波長 600 nm での吸光度を測定する

⑤ 試料，標準溶液の吸光度をブランク値で補正後，下の式によりトリアシルグリセロール濃度を求める

(mL)

	試験管 A 試料 (S)	試験管 B 標準 (Std)	試験管 C ブランク (B)
試　　料	0.02	—	—
標準溶液	—	0.02	—
水	—	—	0.02
酵素発色液	3.00	3.00	3.00

$$\text{トリアシルグリセロール濃度（mg/100 mL）} = \frac{\text{試料の吸光度}}{\text{標準溶液の吸光度}} \times 300$$

2 トリアシルグリセロール標準溶液を使用する方法

トリアシルグリセロール標準溶液を使用して検量線を作成し，これよりトリアシルグリセロール濃度を求める。

① トリアシルグリセロール標準溶液（300 mg/100 mL），水で2倍に希釈したもの（トリアシルグリセロール濃度：150 mg/100 mL），4倍に希釈したもの（75 mg/100 mL）を用意する

② 小試験管を3本（A・B・C）用意する
小試験管 A にトリアシルグリセロール標準溶液 0.02 mL，B に2倍に希釈したもの 0.02 mL，C に4倍に希釈したもの 0.02 mL を加える
上記②〜④と同様の操作で吸光度を測定後，検量線を作成する

③ 検量線にサンプルの吸光度をあてはめて，トリアシルグリセロール濃度を求める

課題

（1）脂質異常症に種類があるが，その分類を調べてみよう。

3. 総コレステロール

☞第9章1. 分光分析の原理（p.97 ～）

　コレステロールは，生体内臓器や細胞に広く分布している。特に，リン脂質とともに生体膜の構成成分として重要である。血中コレステロールは，約 200 mg/100 mL で，脂肪酸とのエステル型が 70％以上を占めている。エステル型と遊離型を合わせて総コレステロールという。食事中のコレステロールは，小腸で吸収された後，たんぱく質と結合してキロミクロンの形でリンパ管を経て血液中に入る。

☀目　的

　血中コレステロール濃度は，① 食事由来のコレステロールの腸管から吸収（0.3 ～ 0.5 g/日），② 肝臓および腸管における合成（1.0 ～ 1.5 g/日），③ 肝臓での異化などと密接に関係し，体内代謝の指標となる。

準備する試薬

- □リン酸緩衝液（0.1 mol/L，pH 7.5）

  〔調製法〕リン酸二水素ナトリウム（$NaH_2PO_4 \cdot 2H_2O$：MW ＝ 156）2.5 g およびリン酸水素二ナトリウム（$Na_2HPO_4 \cdot 12H_2O$：MW ＝ 358.1）30.0 g を水に溶かして 1 L とする

- □酵素発色液

  〔調製法〕上のリン酸緩衝液に以下のものを溶解する。調製後の濃度は，ペルオキシダーゼ（POD）2.7 U/mL，コレステロールエステラーゼ（CE）0.03 U/mL，コレステロールオキシダーゼ（CO）0.1 U/mL，4 －アミノアンチピリン（4-AA：$C_{11}H_{13}N_3O$：MW ＝ 203.2）0.135 mg/mL，フェノール（C_6H_5OH：MW ＝ 94.1）0.94 mg/mL，Triton X-100　0.003 g/mL である

- □コレステロール標準溶液（200 mg/100 mL）

  〔調製法〕コレステロール 200 mg をイソプロピルアルコールに溶解，Triton-X100 10 mL を加えイソプロピルアルコールで 100 mL とする

準備する器具

□プランジャーピペット　　□チップ　　□小試験管　　□吸光度測定用セル

準備する装置

□分光光度計　　□恒温水槽

1 コレステロールオキシダーゼ法による総コレステロール測定

☞第9章2. 発色法による生体成分の分析（p.100～）

エステル型コレステロール + H_2O $\xrightarrow{CE}$ 遊離型コレステロール + 脂肪酸

遊離型コレステロール + O_2 $\xrightarrow{CO}$ コレステノン + H_2O_2

（CEにより生成したコレステロールと既存のコレステロール）

上記反応で生じた過酸化水素（H_2O_2）を発色させ，比色定量する。

$2H_2O_2$ + 4-アミノアンチピリン + フェノール $\xrightarrow{POD}$ [赤色キノン色素] + $4H_2O$

小試験管を3本（A・B・C）用意する。試料（S），標準（Std），ブランク（B）用とする。

① 小試験管Aに試料0.02 mL，Bに標準溶液0.02 mL，Cに水0.02 mLを加える

② 小試験管A・B・Cに酵素発色液3 mLを加え混和する

③ 37℃で5分間加温する

④ 波長505 nmでの吸光度を測定する

⑤ 試料，標準溶液の吸光度をブランク値で補正後，下の式により総コレステロール濃度を求める

(mL)

	試験管A 試料 (S)	試験管B 標準 (Std)	試験管C ブランク (B)
試料	0.02	—	—
標準溶液	—	0.02	—
水	—	—	0.02
酵素発色液	3.00	3.00	3.00

$$\text{コレステロール濃度（mg/100 mL）} = \frac{\text{試料の吸光度}}{\text{標準溶液の吸光度}} \times 200$$

2 コレステロール標準溶液を使用する方法

コレステロール標準溶液を使用して検量線を作成しこれよりコレステロール濃度を求める。

① コレステロール標準溶液（200 mg/100 mL），水で2倍に希釈したもの（コレステロール濃度：100 mg/100 mL）を用意する

② 小試験管を2本（A・B）用意する
小試験管Aにコレステロール標準溶液0.02 mL，Bに2倍に希釈したもの0.02 mLを加える
上記②～④と同様の操作で吸光度を測定後，検量線を作成する

③ 検量線にサンプルの吸光度をあてはめて，コレステロール濃度を求める

4. HDL-コレステロール

> ☞ 第9章1. 分光分析の原理（p.97～）
> ☞ 第9章2. 発色法による生体成分の分析（p.100～）

　血中のリポたんぱく質は，その比重によりキロミクロン，VLDL，LDL，高比重リポたんぱく質（HDL）に分類されている。HDL-コレステロールは，肝臓や小腸で合成され，末梢組織のコレステロールを肝臓に運搬する。LDL-コレステロールは，肝臓で合成され，末梢組織へコレステロールを運搬する。血中のLDL-コレステロール濃度が高くなると血管壁にコレステロールが沈着し動脈硬化が促進する。

※ 目　的
　心筋梗塞や脳血栓の人たちの血中LDL-コレステロール濃度は高く，HDL-コレステロール濃度は低い。HDL-コレステロール測定により動脈硬化症の予防・診断に役立てる。

準備する試薬
- □ HDL分離用試薬（リンタングステン酸塩化マグネシウム沈殿液）
  〔調製法〕　リンタングステン酸，塩化マグネシウムを含有。HDL-コレステロール沈殿試液セット（300回用）が販売されている（Wako社）
- □ 酵素発色液
  〔調製法〕　総コレステロール定量に用いたものを使用する
- □ コレステロール標準溶液（50 mg/100 mL：HDL-コレステロール 100 mg/100 mL に相当）

準備する器具
- □ プランジャーピペット　□ チップ　□ 駒込ピペット　□ 小遠沈管　□ 小試験管
- □ 吸光度測定用セル

準備する装置
- □ 分光光度計　□ 恒温水槽　□ 遠心分離機

1 HDL-コレステロール測定

　HDL-コレステロール以外のリポたんぱく質を，リンタングステン酸，マグネシウム沈殿試液で選択的に沈殿し，上澄中に存在するHDL中のコレステロールを総コレステロール測定と同様の方法で測定する。

❶ 小遠沈管に試料0.2 mLとHDL分離用試薬0.2 mLを加えよく混和する

❷ 室温に10分間放置する

❸ 遠心分離（3,000 rpm，10分間）する

❹ 別の試験管に上澄をとる
　これをHDL-コレステロール測定の試料（S）とする

❺ 小試験管を3本（A・B・C）用意する
　試料（S），標準（Std），ブランク（B）用とする

❻ 小試験管Aに試料（④で調製）0.04 mL，Bに標準溶液0.04 mL，Cに水0.04 mLを加える

(mL)

	試験管A 試料 (S)	試験管B 標準 (Std)	試験管C ブランク (B)
試　料	0.04	—	—
標準溶液	—	0.04	—
水	—	—	0.04
酵素発色液	3.00	3.00	3.00

❼ 小試験管 A・B・C に酵素発色液 3 mL を加え混和する

❽ 37℃で 5 分間加温する

❾ 波長 505 nm での吸光度を測定する

❿ 試料，標準溶液の吸光度をブランク値で補正後，下の式により HDL-コレステロール濃度を求める

$$\text{HDL-コレステロール濃度（mg/100 mL）} = \frac{\text{試料の吸光度}}{\text{標準溶液の吸光度}} \times 100$$

2 HDL-コレステロール標準溶液を使用する方法

　HDL-コレステロール標準溶液を使用して検量線を作成し，これより HDL-コレステロール濃度を求める。

❶ コレステロール標準溶液（50 mg/100 mL），水で 2 倍に希釈したもの（コレステロール濃度：25 mg/100 mL）を用意する（HDL-コレステロール濃度はそれぞれ 100 mg/100 mL，50 mg/100 mL）

❷ 小試験管を 2 本（A・B）用意する
　小試験管 A にコレステロール標準溶液 0.04 mL，B に 2 倍に希釈したもの 0.04 mL を加える
　上記⑦～⑨と同様の操作で吸光度を測定後，検量線を作成する

❸ 検量線にサンプルの吸光度をあてはめて，HDL-コレステロール濃度を求める

課　題

（1）コレステロールの血中輸送，生合成（合成臓器・経路）および代謝産物について，調べてみよう。
（2）脂質異常症の指標には，何が使用されるか，さらにそれぞれの体内での役割を述べてみよう。

5. トランスアミナーゼ

☞ 第9章1．分光分析の原理（p.97～）
☞ 第9章2．発色法による生体成分の分析（p.100～）

　食事たんぱく質は，たんぱく質消化酵素によりアミノ酸まで分解され，小腸から吸収，門脈を経て肝臓に送られる。アミノ酸代謝は，アミノ基転移と酸化的脱アミノによる脱アミノ反応から始まる。前者が主として行われる変化で，この反応を触媒する酵素が，トランスアミナーゼである。

✻ 目　的

　酵素は，臓器により分布が異なるものがある（図 4-1 参照）。血中の酵素活性の上昇は，臓器細胞の破壊を意味し，疾患の診断指標になっている。トランスアミナーゼの代表であるアスパラギン酸トランスアミナーゼ（AST）は心筋，肝臓，骨格筋，脳に，アラニントランスアミナーゼ（ALT）は肝臓，腎臓に多く存在する。

　AST，ALT の活性測定法は 2 種類ある。アミノ基転移反応後，生成したピルビン酸にヒドラゾン化して，比色定量する Reitman-Frankel 法と，アミノ基転移反応後，生成した 2-オキソ酸を脱水素酵素で還元，このときの補酵素 NADH の減少を測定する Karmen 法である。前者は測定法に問題があり，後者は日本臨床化学会の基準法になっているが，時間を要し，また煩雑である。そこでアミノ基転移反応後，生成した 2-オキソ酸を酵素により H_2O_2 へ導き，ペルオキシダーゼおよび呈色試薬により発色させ比色定量する測定キット法（Wako 社　トランスアミナーゼ CⅡ-テストワコー）を記す。

準備する試薬

　□キットに含まれる各種溶液（表 4-1）
　□発色試液
　　〔調製法〕　表 4-1 ⑤の試薬 1 びんを表 4-1 ⑥液 40 mL で溶解する
　□AST（GOT）用基質発色液
　　〔調製法〕　表 4-1 ①の試薬 1 びんを表 4-1 ②液 10 mL で溶解し，これと発色試液を等量（10 mL）混合する
　□ALT（GPT）用基質発色液
　　〔調製法〕　表 4-1 ③の試薬 1 びんを表 4-1 ④液 10 mL で溶解し，これと発色試液を等量（10 mL）混合する

準備する器具

　□プランジャーピペット　　□チップ　　□小試験管
　□吸光度測定用セル

準備する装置

　□分光光度計　　□恒温水槽

表 4-1　トランスアミナーゼ C Ⅱ-テストワコーのキット内容（Wako 社）

No	試薬名	1 びんの溶液量	内容物の溶解時における組成
①	AST（GOT）用酵素剤	10 mL	【溶解時】ピルビン酸オキシダーゼ（POP）5.4 U/mL オキザロ酢酸脱炭酸酵素（OAC）14 U/mL 4-アミノアンチピリン 2.0 mmol/L アスコルビン酸オキシダーゼ 0.90 U·mL カタラーゼ 270 U/mL
②	AST（GOT）用基質緩衝液	65 mL	20 mmol/L グッド（HEPES）緩衝液 pH 7.0 L-アスパラギン酸 0.40 mol/L
③	ALT（GPT）用酵素剤	10 mL	【溶解時】ピルビン酸オキシダーゼ（POP）5.4 U/mL 4-アミノアンチピリン 2.0 mmol/L アスコルビン酸オキシダーゼ 0.90 U·mL カタラーゼ 270 U/mL
④	ALT（GPT）用基質緩衝液	65 mL	20 mmol/L グッド（HEPES）緩衝液 pH 7.0 L-アラニン 1.0 mol/L
⑤	発色剤	40 mL	【溶解時】ペルオキシダーゼ 5.9 U/mL
⑥	発色剤溶解液	130 mL	20 mmol/L グッド（HEPES）緩衝液 pH 7.0 α-ケトグルタル酸 36 mmol/L N-エチル-N-(2-ヒドロキシ-3-スルフォプロピル)-m-トルイジンナトリウム（TOOS）2.2 mol/L
⑦	反応停止液	250 mL	クエン酸 50 mmol/L 界面活性剤を含む
⑧	AST（GOT）基準液	10 mL	ピルビン酸カリウム含有（GOT 100 Karmen 単位相当）
⑨	ALT（GPT）基準液	10 mL	ピルビン酸カリウム含有（GPT 100 Karmen 単位相当）

1 トランスアミナーゼ測定法

AST 測定

アスパラギン酸 + α-ケトグルタル酸 $\xrightarrow{AST}$ グルタミン酸 + オキザロ酢酸

オキザロ酢酸 $\xrightarrow{OAC}$ ピルビン酸

ALT 測定

アラニン + α-ケトグルタル酸 $\xrightarrow{ALT}$ グルタミン酸 + ピルビン酸

ピルビン酸 + リン酸 + O_2 $\xrightarrow{POP}$ アセチルリン酸 + CO_2 + H_2O_2

上記反応で生じた H_2O_2 を発色させ，比色定量する。

$2H_2O_2$ + 4-アミノアンチピリン + TOOS $\xrightarrow{POD}$ [青紫色色素]OH^- + $3H_2O$

小試験管を3本（A・B・C）用意する。試料（S），標準（Std），ブランク（B）用とする。

① 小試験管 A・B・C に AST（GOT）または ALT（GPT）用基質発色液 1 mL を入れる　　☞ AST（GOT）用基質発色液使用のときは，AST（GOT）標準溶液を，ALT（GPT）用基質発色液使用のときは，ALT（GPT）標準溶液を使用する。

② 37℃で5分間加温する

③ 小試験管 A に試料 0.02 mL，B に AST（GOT）または ALT（GPT）標準溶液 0.02 mL，C に水 0.02 mL を加え混和する

④ 37℃で正確に 20 分間加温する

⑤ 小試験管 A・B・C に反応停止液 2.0 mL を加える

⑥ 十分に混和後，1 時間以内に波長 555 nm での吸光度を測定する

⑦ 試料，標準溶液の吸光度をブランク値で補正後，下の式により AST（GOT）または ALT（GPT）活性を求める

$$AST（GOT）または ALT（GPT）活性値（Karmen 単位）= \frac{試料の吸光度}{標準液の吸光度} \times 100$$

2 標準溶液を使用する方法

標準溶液を使用して検量線を作成し，これよりASTまたはALT活性を求める。

❶ ASTまたはALT標準溶液（100 Karmen単位），水で2倍に希釈したもの（50 Karmen単位），4倍に希釈したもの（25 Karmen単位）を用意する

❷ 小試験管を3本（A・B・C）用意する
小試験管AにASTまたはALT標準溶液0.02 mL，Bに2倍に希釈したもの0.02 mL，Cに4倍希釈したもの0.02 mLを加える
上記④〜⑥と同様の操作で吸光度を測定後，検量線を作成する

❸ 検量線にサンプルの吸光度をあてはめて，ASTまたはALT活性を求める

> **ワンポイントアドバイス**
>
> Karmen単位（カルメン単位）
> 臨床検査の場で使用されている。
> UV法で測定したとき，25℃で血清1 mLあたり，1分間に340 nmの吸光度を0.001減少させるAST，ALT活性を1カルメン単位とする（→下記酵素活性の単位参照）。
> この操作法で算出されたカルメン単位は下式で国際単位に変換される。
> Karmen単位 × 0.482 = 国際単位（IU/L）

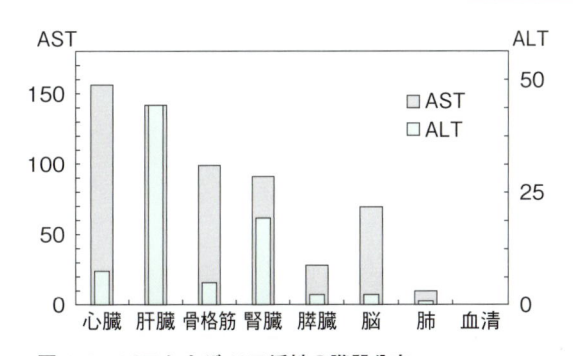

図4-1　ASTおよびALT活性の臓器分布
（酵素活性単位：Karmen単位×10^{-3}/g 湿重量）
（出典：大澤　進：トランスアミナーゼ，根岸良克ほか『臨床検査学講座　臨床化学』医歯薬出版, 2001, pp.330〜338. p.330 表7-19 より改変作図）

酵素活性の単位

臨床検査では，研究者の名前をかぶせた単位名がよく使用されている。トランスアミナーゼのカルメン単位もその例である。しかし現在国際的には，SI単位が採用され，酵素活性は，血清1 Lあたりの国際単位（U）で表されるようになった（U/L）。

1国際単位とは，25℃において，1分間に基質1 μmolの変化を触媒する酵素量となる。

その後，酵素の触媒活性に新しいSI単位が導入され，Katalと呼ばれた。酵素が触媒する化学反応において変化する物質量（基質量あるいは生成物量）をmol，時間をs，というSI単位で示し，kat = mol/sで表す。血清中の酵素では一定容量における酵素濃度はkal/Lとなる。

ただしまだ一般的ではないので，Karmen単位あるいはIU/Lを使用する。

課題

（1）生化学検査で，AST，ALT活性の測定により判定できるのは，どのようなことだろうか。
（2）AST，ALT活性をKarmen単位から国際単位（IU/L, 25℃）へ変換してみよう。

第5章　細胞分画

すべての生物は基本単位となる細胞から構成されている。細胞膜は細胞内外の仕切りとして働くだけでなく，物質の輸送や情報の伝達も担っている。細胞内には核や生体膜で囲まれた細胞小器官（オルガネラ：organella）が存在する。動物細胞内にはミトコンドリア，小胞体，ゴルジ装置，リソソーム，ペルオキシソームなどがある。オルガネラにはそれぞれ固有の機能があると同時に，小器官同士の連携作業もみられる。

※ 目　的

分画遠心法は，細胞を核・ミトコンドリア・ミクロソーム・可溶性画分などに分ける方法で，酵素の細胞内分布やオルガネラの働きを把握するのによく用いられる。酵素を含め細胞内物質の局在を知ることは，それらの細胞内における役割や代謝を知るうえで重要である。大量の組織材料の分画や，抗体の作製等に用いるたんぱくの精製のため，予備的調整法として広く利用される。本実験では，この分画遠心法を用いて細胞内顆粒の分離を行い，さらにマーカー酵素による分画の精製度を測定する。

1. 分画遠心法によるオルガネラの分画

細胞を等張溶液中で機械的に破砕し，溶液中に放出されたオルガネラを遠心分離法によって沈殿として回収する。遠心分離をするときの遠心力と遠心時間を適切に設定すると，大きさによってオルガネラを分離することができる。

準備する試料
□ ニワトリ肝臓またはラット肝臓（約 2 g）

準備する試薬
□ 0.25 mol/L ショ糖（$C_{12}H_{22}O_{11}$：分子量〔MW〕= 342）
　〔調製法〕ショ糖 8.55 g を水で溶かし，100 mL とする

準備する器具
□ ポッターエルビーエム型ホモジナイザー
□ パスツールピペット　　□ 遠心管　　□ 漏斗

準備する装置
□ 遠心分離機

☞ なるべく新鮮なものがよいが，市販のニワトリ肝臓でもミトコンドリアはそれほど壊れていない。

☞ 細胞を機械的に破砕して，溶液中に放出されたオルガネラが浸透圧ショックを受けて破裂したりしないように，等張溶液中で細胞の破砕を行う。哺乳動物の細胞は 0.9％の食塩水と浸透圧が等しく，この等張溶液を生理食塩水という。ただし，この溶液では塩濃度が高くなりすぎるとき，細胞膜透過性の低い物質で等張溶液をつくる場合がある。今回は 0.25 mol/L のショ糖溶液を等張液として用いる。0.4 mol/L のマニトールやソルビトール溶液を用いる場合もある。

ワンポイントアドバイス
ポッターエルビーエム型ホモジナイザーはテフロンのペッスルとガラス筒からできており，組織がこのすき間を通るときに細胞が壊れて小器官が細胞から出てくる。筋肉のようにかたい繊維ではガラスのホモジナイザーを使う。

ワンポイントアドバイス
図 5-1 では 5 種類に分画できるが，本実験では 2 回の遠心操作により 3 種類に分画する。

☞ s-ER：滑面小胞体
　r-ER：粗面小胞体

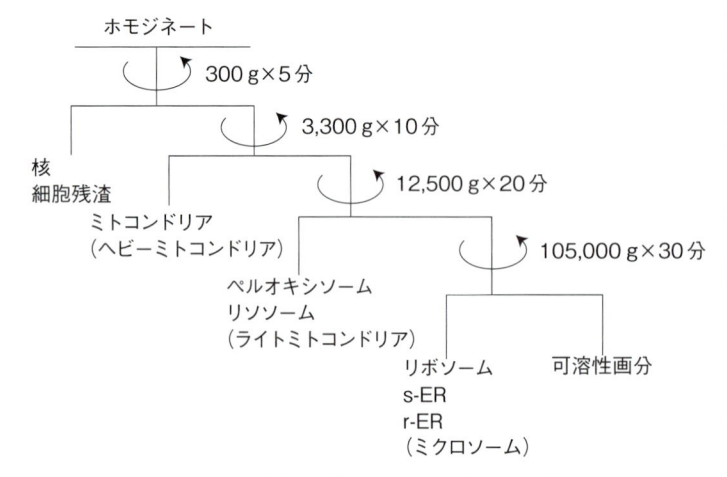

```
ホモジネート
   │  300 g × 5 分
   ├────────┐
   核        3,300 g × 10 分
 細胞残渣     ├────────┐
           ミトコンドリア    12,500 g × 20 分
          （ヘビーミトコンドリア）├────────┐
                    ペルオキシソーム    105,000 g × 30 分
                    リソソーム          ├────────┐
                   （ライトミトコンドリア）リボソーム    可溶性画分
                                s-ER
                                r-ER
                              （ミクロソーム）
```

図 5-1　分画遠心法によるオルガネラの分離

（1）試料の調製

1. ラットを断頭脱血後，直ちに肝臓をとり出し，氷冷する
2. 血液などをガーゼまたは脱脂綿で拭きとり，必要ならば重量を測定する
3. ニワトリ肝臓またはラット肝臓約2gを切りとる
4. 氷で冷やしながらハサミで細切する
5. 9倍量（2gであれば18 mL）の0.25 mol/Lショ糖溶液でホモジナイザーの中に流し込む
6. 一定速度でテフロンペッスルを回転させホモジナイズする
7. 漏斗を使い，ホモジネートをガーゼでろ過する

☞実験操作はすべて0〜4℃で行うこと。

☞重さは正確に秤量する。

ワンポイントアドバイス
あらかじめショ糖溶液は氷中に，遠心分離機は冷却のスイッチを入れ，ローターとともに冷却しておく。

（2）実験操作

1. ろ過したホモジネート15 mLをとり，2本のガラス遠心管に分け，遠心分離（300 g，5分間）する
   上澄をパスツールピペットで別の遠心管（プラスチック）に移す
   沈殿は核と壊れていない細胞を含む
2. ①の上澄を遠心分離（3,300 g，10分間）する
   上澄をパスツールピペットで別の遠心管に移す
   沈殿は主としてミトコンドリアを含む
   （ヘビーミトコンドリア画分）
3. ②までで得られた各分画を0.25 mol/Lショ糖で均一化し，全量を15 mLに調製する

☞第9章5. 遠心分離法（p.110〜）

ワンポイントアドバイス
肝臓はホモジナイザーで4ストロークで均質化する。容器を下げるときは陰圧になり顆粒が壊れるので，ゆっくりと行う。15 mL抜きとった残りは，活性とたんぱく量の測定のために氷中に残しておく。

ワンポイントアドバイス
遠心管は，バランスに十分注意してセットする。
遠心管はなるべく揺らさないようにとり出す。

2. マーカー酵素による各分画の精製度の検定

☞第9章1. 分光分析の原理（p.97～）

生体内や細胞内における局在性や生理機能の指標となる物質をマーカーという。本実験では，オルガネラにおける局在性が明らかで，実験的に検出が容易な酵素を各分画のマーカーとして選び，マーカー酵素の比活性で分画遠心法によって得られた各分画の精製度を検定する。

表5-1　細胞小器官と主なマーカー酵素

細胞小器官	主なマーカー酵素
核	ヒストンデアセチラーゼ
ミトコンドリア	グルタミン酸デヒドロゲナーゼ，コハク酸デヒドロゲナーゼ，
ペルオキシソーム	カタラーゼ
リソソーム	酸性ホスファターゼ，カテプシンC
ミクロソーム	グルコース-6-ホスファターゼ
細胞膜	アルカリ性ホスファターゼ
サイトゾル	乳酸デヒドロゲナーゼ

☞今回は検出が容易な酵素をマーカーとして選んだが，局在が明らかになっているたんぱく質であれば，酵素活性がなくてもマーカーとすることができる。酵素活性がないたんぱく質の検出には抗体との特異的結合を利用する。抗体の検出には，前もって蛍光で標識した抗体や標識された2次抗体を用いる。
マーカーは局在性を検出するだけでなく，生理機能やその変化を検出するためにも使用される。例えば，細胞の分化を検出するには，細胞の分化によって発現する遺伝子やその産物であるたんぱく質がマーカーとなる。また，疾患を検出するためのマーカー酵素もある

1 GDH：ミトコンドリアのマーカー酵素活性測定

分画遠心前のホモジネートおよび遠心後の3つ分画中のミトコンドリア・マーカー酵素GDHの活性を測定する。

準備する試薬

- ☐ 0.1 mol/L リン酸カリ緩衝液（KPB）（pH 7.5）　2.7 mL
- ☐ 10 mg/mL 還元型ニコチンアミドアデニンジヌクレオチド（NADH）　50 µL
- ☐ 29.2 mg/mL α-ケトグルタル酸（αKG）　20 µL
- ☐ 53 mg/mL 塩化アンモニウム（NH$_4$Cl）　150 µL
- ☐ Triton X-100　30 µL

準備する器具

- ☐ 吸光度測定用セル
- ☐ プランジャーピペット（0.1～1.0 mL，0.02～0.2 mL）

準備する装置

- ☐ 分光光度計

① KPB 2.7 mL，NADH 50 µL，αKG 20 µL，NH$_4$Cl 150 µL，Triton X-100 30 µL をセルに加える
　↓
② 各分画 50 µL を加えたらすぐにセルの上を親指でふたをし，1回転させる
　↓
③ 波長340 nmでの吸光度を反応開始30・60・90秒後に測定する

活性測定原理

$$\alpha KG + NH_3 \xrightarrow{GDH} Glu + H_2O$$
$$NADH + H^+ \quad NAD^+$$

基質液（終濃度）
0.9 mol/L KPB（pH 7.5）
0.22 mmol/L NADH
1.3 mmol/L αKG
50 mmol/L NH$_4$Cl
0.1% Triton X-100

☞αKGは，酸性なので中和するのを忘れないようにする。

ワンポイントアドバイス
反応はセルの中で行うので，試薬を全部入れたら速やかに転倒撹拌し，液がセルの光透過部につかないようにする。

☞1分ごとの吸光度を測定し，吸収の減少をみる。

2 LDH：サイトゾルのマーカー酵素活性測定

分画遠心前のホモジネートおよび遠心後の三つの分画中のサイトゾル・マーカー酵素 LDH の活性を測定する。

準備する試薬
- ☐ 0.1 mol/L KPB（pH 7.5） 2.85 mL
- ☐ 10 mg/mL NADH 50 μL
- ☐ 2.5 mg/mL ピルビン酸（Pyruvate, Na salt） 90 μL

準備する器具
- ☐ 吸光度測定用セル
- ☐ プランジャーピペット（0.1～1.0 mL，0.02～0.2 mL）

準備する装置
- ☐ 分光光度計

活性測定原理

$$\text{ピルビン酸} \xrightarrow{\text{LDH}} \text{乳 酸}$$
$$NADH + H^+ \qquad NAD^+$$

基質液（終濃度）
95 mmol/L KPB（pH 7.5）
0.22 mmol/L NADH
0.68 mmol/L Pyruvate

☞ 乳酸脱水素酵素の略号は，生化学分野では LDH，臨床検査分野では LD が用いられる（p.46 参照）。

① KPB 2.85 mL，NADH 50 μL，Pyruvate 90 μL をセルに加える

② 各分画 10 μL を加えたらすぐにセルの上を親指でふたをし，1回転させ，転倒混和させる

③ 波長 340 nm での吸光度を反応開始 30・60・90 秒後に測定する

☞ 1分ごとの吸光度を測定し，吸収の減少をみる。

3 たんぱく量の測定

分画遠心前のホモジネートおよび遠心後の三つの分画中のたんぱく質濃度を測定する。たんぱく質測定法には，第2章で述べたように各種の方法がある。

準備する試料
- ☐ ホモジネート液　☐ 各分画液
- ☐ 標準たんぱく質溶液：約1 mg/mL 牛血清アルブミン（BSA：Bovine Serum Albumin）
- ☐ 定量用染色液（たんぱく質定量法による）

ワンポイントアドバイス

たんぱく量は9倍量で均質化すると約18 mg/mL になるのでこれを目安に正確な量を測定する。
アルブミンは吸光度280 nm で 0.63 であれば 1.0 mg/mL の濃度であるので作成したアルブミン溶液の濃度を正確に計算しておく。

☞ 表2-1　たんぱく質の定量法　第2章 p.24 を参照。

4 各分画の精製度の検定

マーカー酵素の比活性によって各分画の精製度を評価する。比活性とは酵素活性をたんぱく質 1 mg あたりの活性で表現したもので，精製によって純度が上がったことを確認する指標とする。

（1）酵素活性の計算

マーカー酵素として使用したグルタミン酸デヒドロゲナーゼと乳酸デヒドロゲナーゼは，いずれも，補酵素 NADH を基質とし，酵素反応の進行によって NADH が減少する。NADH は 340 nm に吸収極大をもち，NADH の減少は 340 nm における吸光度が減少する。340 nm における初期吸光度減少（反応開始後 30～90 秒間）が直線になっていることを確認し，1 分間の吸光度減少 $\Delta A_{340}/\text{min}$ を求める。セル中の酵素による活性は次式で算出される。

$$\text{unit}/\text{セル} = \frac{\Delta A_{340}/\text{min} \times v}{6.22}$$

unit は酵素活性を表記する単位で，1 μmol の基質が 1 分間に変化した量を 1 ユニット（1 unit）として表す。v は酵素反応に使用したセル中の液量である。6.22 は NADH のミリモル吸光係数である。

（2）比活性の計算

酵素反応に使用したセル中に含まれるたんぱく質量を p mg とすると比活性は次のように計算される。

$$\text{unit} = \frac{\Delta A_{340}/\text{min} \times v}{6.22 \times p}$$

> **ワンポイントアドバイス**
> 物質量の単位であるモル（mol）とモル濃度（mol/L）の違いを正確に理解しよう。
>
> ☞ モル吸光係数
> 第 9 章 p.98 を参照。

> **課題**
>
> （1）分画遠心の原理を考えてみよう。
> （2）各分画の比活性から分画の精製度を評価しよう。
> （3）バイオマーカーについて調べてみよう。

第6章　ヒト遺伝子多型の検出

　ヒトのゲノムデオキシリボ核酸（DNA）は30億の塩基対からなり，ヒトとして共通の塩基配列をもつ。一方で，ヒトDNAにはおよそ1,000塩基に1か所程度，本来の塩基が別の塩基に置き換わった箇所がみられる。これを1塩基多型（single nucleotide polymorphism）といい，SNP（スニップ）と表記される。SNPは生活習慣病の発症や薬の効果と関係することが明らかになりつつある。

✵ 目　的

　体内に摂取されたアルコールは肝臓において，二つの酵素，アルコールデヒドロゲナーゼとアルデヒドデヒドロゲナーゼによって，最終的には酢酸にまで酸化される。2種類の酵素活性は人種によって異なり，アルコールに対する強さの人種差を生み出す要因となっている。本章では，アルデヒドデヒドロゲナーゼ2のエキソン12に存在する1塩基多型に注目し，その検出方法について学ぶ。

1. 口腔粘膜細胞からのDNA抽出

　遺伝子多型解析はDNAの抽出から始まる。DNA抽出のための細胞としては，血液中の白血球，毛根細胞，口腔粘膜細胞などが使用される場合が多い。ここでは，非侵襲的に細胞が採取できる口腔粘膜細胞を使用することとする。

1 唾液の採取と唾液中の細胞確認

準備する試薬
- □ 0.3％メチレンブルー染色液

準備する器具
- □ 唾液を採取するチューブ（1個/人）
- □ スライドグラス・カバーグラス（1組/人）
- □ ピペットマン P20（1個/班）
- □ ピペットスタンド（1個/班）
- □ ミキサー（1台/班）
- □ ポリビーカー（1個/班）
- □ 1.5 mL チューブ
- □ イエローチップ

準備する装置
- □ 顕微鏡

① 歯を磨き，うがいをする
② 唾液採取用のチューブに唾液1 mLを集める　　☞なるべく口の奥から唾液を出すようにするとよい。
③ 採取した唾液をよく混ぜ，チップでスライドグラスに唾液1滴をのせる
④ チップで唾液をのばし乾燥したら，メチレンブルー染色液1滴をのせる
⑤ カバーグラスを静かにのせる
⑥ 顕微鏡（100倍）で細胞の有無を観察する
⑦ 細胞が確認できたら，DNA抽出を開始する　　☞細胞が確認できない場合は，再度，唾液を採取する。

2 口腔粘膜細胞からの DNA 抽出

☞第 9 章 5．遠心分離法（p.110 ～）
☞第 9 章 6．遺伝子多型の検出方法（p.112 ～）

　遺伝子多型を検出するための DNA 抽出法として，微量の試料からリボ核酸（RNA）やたんぱく質を除去し，純度の高い DNA を得られる方法が望ましい。本法は，細胞破砕のための試薬としてドデシル硫酸ナトリウムを用い，リボヌクレアーゼ（RNase）によって RNA を分解し，塩化ナトリウム（NaCl）によって除たんぱくする方法である。

準備する試薬
- ☐ RNase（1 mg/mL）　　☐ 飽和 NaCl　　☐ イソプロパノール　　☐ 70％エタノール
- ☐ TEN 溶液（10 mmol/L Tris-HCl，0.1 mmol/L EDTA·2 Na，0.1 mol/L NaCl，2% SDS，pH 8.0）
- ☐ 10TE0.1（10 mmol/L Tris-HCl，0.1 mmol/L EDTA·2 Na，pH 8.0）

準備する器具
- ☐ ピペットマン P1000・P200（1 セット/班）　　☐ ピペットスタンド（1 個/班）
- ☐ ミキサー（1 台/班）　　☐ ポリビーカー（1 個/班）
- ☐ 1.5 mL チューブ　　☐ チューブキャップ
- ☐ ブルーチップ　　☐ イエローチップ
- ☐ 手袋　　☐ マスク

準備する装置
- ☐ 超高速遠心分離機　　☐ アルミバス　　☐ 真空乾燥機　　☐ チュブレミキサー（マルチミキサー）

❶ 唾液 500 μL を遠心分離（2,500 rpm，4 分間，4℃）する

❷ デカンテーションで上澄を除去する　　　　　　　　☞沈殿物を一緒に流さない！

❸ 沈殿物に TEN 溶液 300 μL を加え，ミキサーで混和する

❹ RNase 30 μL を加えミキサーで混和後，100℃で 5 分間加温する

❺ 飽和 NaCl 150 μL を加え，冷めるまで上下逆さまに転倒混和する

❻ 遠心分離（15,000 rpm，10 分間，4℃）し，上澄を新しいチューブに採取する　　☞沈殿物まで採取しないこと！

❼ 上澄を採取したチューブにイソプロ 350 μL を加え転倒混和する

❽ 10 分間室温放置後，遠心分離（15,000 rpm，10 分間，4℃）する

❾ デカンテーションで上澄を除去し，沈殿物に 70％エタノール 500 μL を加えてミキサーで軽く混和する

❿ 遠心分離（15,000 rpm，10 分間，4℃）し，デカンテーションで上澄を除去する　　☞キムワイプの上に逆さまにして風乾する。

⓫ 沈殿物を 15 分間真空乾燥後，10TE0.1 50 μL を加える

⓬ チュブレミキサーで混和し，DNA 抽出物を得る　　☞−20℃で保存する。

3 アガロースゲル電気泳動によるDNA確認

☞第9章4. 電気泳動の原理（p.105～）
☞第9章6. 遺伝子多型の検出方法（p.112～）

抽出したDNAの純度や分解の程度をアガロースゲル電気泳動法によって確認する。

準備する試薬

☐アガロース（TaKaRa社 LO-3) ☐エチジウムブロマイド保存液（0.1 mg/mL）
☐BPB（80%グリセロール飽和BPB） ☐DNA分子量マーカー（λ Hind Ⅲ）
☐TBE（0.089 mol/L Tris, 0.089 mol/L ホウ酸, 0.002 mol/L EDTA, pH 8.0）
☐DNA染色液（TBE 100 mLあたりエチジウムブロマイド保存液を100 μL加える）

準備する器具

☐ゲル板 ☐ピペットマン P20（1セット/班） ☐イエローチップ
☐50 mL 三角フラスコ（1個/班） ☐パラフィルム（1枚/班） ☐薬包紙
☐電気泳動槽（1セット/班） ☐染色用タッパー ☐薬さじ

準備する装置

☐Mupid電気泳動装置 ☐UVトランスイルミネーター ☐電子レンジ

（1） 1%アガロースゲル作成（ゲル1枚分）

1. ゲル板の両端をテープで固定しておく
2. 50 mL 三角フラスコにアガロース 0.18 gを入れる
3. TBE 18 mLを加え，混和する
4. 電子レンジで溶解する
5. 溶解後，ゲル板に流し入れ約30～40分間放置する
6. ゲルが固まったら，ラップで包んで冷蔵保存する

☞ゲル作成時のチェックポイント
①アガロースは均一に溶けているか。
②泡はないか（コームの下も確認する）。
③コームの向きは間違っていないか。
④コームは真っ直ぐに差してあるか。
⑤コームは下まで差し込んであるか。
コームを差し込んだらゲルトレイを動かさない。

☞ゲルは乾燥しないように保存すれば1か月程度の保存が可能である。

（2） 抽出物の電気泳動による確認

1. パラフィルムに，適量のBPBを，泳動するサンプル数分注しておく
2. ピペットでサンプル 4 μLを測りとり，BPBと混ぜる
3. 色が青に変わったら泳動槽のゲルにアプライする
4. 分子量マーカーは5 μLアプライする
5. ゲル板の下から3番目の線の真ん中くらいまでバンドがきたら終了する
   泳動時間は約30分間
6. 電気泳動終了後，ゲル板ごとエチジウムブロマイド入りTBEの入った容器にゲルを入れ20分間放置し，DNAを染色する
7. UVで確認する

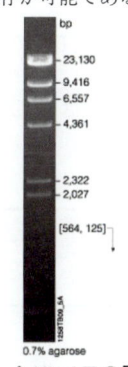

図 6-1 λ Hind Ⅲの電気泳動像
（出典：プロメガ株式会社 カタログ番号 G1711）

☞エチジウムブロマイドは強い変異原性をもつことが報告されている。エチジウムブロマイドを含む溶液を扱う場合には，手袋を使用すること。

2. ポリメラーゼ連鎖反応による DNA の増幅

　抽出した DNA 量はその後の分析に十分でない場合が多い。そこでポリメラーゼ連鎖反応（PCR）によって 100 万倍程度にまで DNA を増幅する。PCR 反応は 1 試料につき 20 μL のスケールとし，200 μL の PCR チューブ中で反応を行う。PCR 反応にあたっては，サンプル数に応じてマスターミックスを調整する。

表 6-1　マスターミックス

組　成	役　割	液　量
□ 10 × buffer	反応液の pH 維持	1.0 μL
□ 2 mmol/L dNTPs	合成反応の基質	2.0 μL
□ forward primer ALDH20（100 pmol/μL）	DNA 合成反応の開始物質	0.4 μL
□ reverse primer ALDH25（100 pmol/μL）	DNA 合成反応の開始物質	0.4 μL
□ Taq（Toyobo Blend Taq 2.5 units/μL）	DNA 合成反応の触媒	0.1 μL
□ 超純水	反応液量調節	15.1 μL
合計		19.0 μL
マスターミックス分注後，各チューブに鋳型 DNA を加える。		
抽出した DNA	DNA 合成の鋳型	1.0 μL

注：dATP，dCTP，dGTP，dTTP をまとめて dNTPs という

（1）マスターミックス作成の裏技 1
サンプル数＋1 本分作成して，分注する。

（2）マスターミックス作成の裏技 2
❶ サンプル数分作成して，分注時に，ピペットマンの第 1 ストップで止める
　↓
❷ マスターミックスを分注する
　↓
❸ DNA を加える
　↓
❹ PCR 反応を行う
　　反応条件は表 6-2 のように設定する
　↓
❺ 反応後の産物は −20℃で保存する

☞第 9 章 6．遺伝子多型の検出方法（p.112 〜）

表 6-2　PCR 反応条件

反　応	温度	時間	サイクル数
前処理	95℃	5 分	1 サイクル
変　性	94℃	30 秒	35 サイクル
アニーリング	54℃	30 秒	
伸　長	72℃	30 秒	
後処理	72℃	5 分	1 サイクル

表 6-3　PCR プライマー

プライマー種別	プライマー名	塩基配列	塩基数
フォワードプライマー	ALDH20	5'CAAATTACAGGGTCAACTGCT3'	21
リバースプライマー	ALDH25	5'CTCTCTTGTCACTTCTCAGGCTTA3'	24

（後藤未発表）

3. 制限酵素による増幅産物の切断

　PCRによって増幅したDNAを制限酵素によって切断する。適切な制限酵素を用いると，変異を起こす前の野生型と変異型を判別することができる。

　前の実験で使用した2種類のプライマー，ALDH20とALDH25によるPCR増幅産物は414塩基対で，この断片中に変異部分が含まれている。変異しているかどうかの判別を次のように行う。

　制限酵素 Eco57I は塩基配列 CTGAAG（5'→3'）とその相補的塩基配列 CTTCAG（5'→3'）を認識し，DNA中にこの配列があるとCTGAAGの16塩基下流部分とCTTCAGの14塩基上流部分を切断する。ALDH2の野生型では，制限酵素 Eco57I の認識サイトがあるため，PCR増幅産物は酵素によって切断されて二つの断片を生じる。断片の長さはそれぞれ，136塩基対と278塩基対である。これに対し，塩基Gが塩基Aに変異した欠損型では制限酵素 Eco57I の認識サイトがないため，PCR増幅産物は切断されることなく，414塩基対の断片が残る（図6-2）。

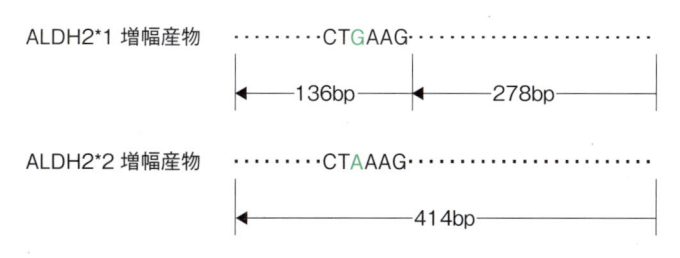

```
ALDH2*1 増幅産物    ········CTGAAG················
                 |←—136bp—→|←——278bp——→|

ALDH2*2 増幅産物    ········CTAAAG················
                 |←————————414bp————————→|
```

図6-2　Eco57I によるPCR増幅産物の切断

準備する試薬
- □ 制限酵素　Eco57I（Fermentas）
- □ PCR産物

準備する器具
- □ 0.5 mL チューブ

準備する装置
- □ インキュベーター（0.5 mLチューブを37℃で保持できるもの，アルミヒートブロックを使うのが望ましい）

Acu I（Eco 57I）
5'...CTGAAG（N）$_{16}$ ^ ...3'
3'...GACTTC（N）$_{14}$ ^ ...5'

図6-3　制限酵素 Eco57I

① 制限酵素反応液を作成する
② 37℃で3時間，あるいは，一晩反応させる

☞第9章6. 遺伝子多型の検出方法（p.112～）

4. アガロースゲル電気泳動法による PCR-制限酵素断片長多型の判定

　PCR 産物を制限酵素処理すると，制限酵素によって切断されるかどうかによって DNA 断片の長さに多型を生じる。これを制限酵素断片長多型（RFLP：Restriction Fragment Length Polymorphism）という。これを検出する手法を指す場合もあり，PCR による増幅も含めて PCR-RFLP という。

準備する試薬
- □制限酵素処理をした PCR 産物（500 μL チューブ）
- □アガロース（TaKaRa 社　GTG）
- □TBE（0.089 mol/L Tris，0.089 mol/L ホウ酸，0.002 mol/L EDTA，pH 8.0）
- □エチジウムブロマイド保存液（0.1 mg/mL）
- □BPB（80％グリセロール飽和 BPB）
- □DNA 分子量マーカー（100 bp）
- □DNA 染色液（TBE100 mL あたりエチジウムブロマイド保存液 100 μL を加える）

☞第9章 4. 電気泳動の原理（p.105～）
☞第9章 6. 遺伝子多型の検出方法（p.112～）

準備する器具
- □ゲル板
- □50 mL 三角フラスコ（1 個/班）
- □電気泳動槽（1 セット/班）
- □ピペットマン P20（1 セット/班）
- □パラフィルム（1 枚/班）
- □染色用タッパー
- □イエローチップ
- □薬包紙
- □薬さじ

準備する装置
- □Mupid 電気泳動装置
- □UV トランスイルミネーター

（1）2.5％ GTG ゲル作成（ゲル 1 枚分）

❶ ゲル板の両端をテープで固定しておく
❷ 50 mL 三角フラスコに TBE 20 mL を入れる
❸ アガロース 0.5 g を TBE に加え，混和する
❹ 電子レンジで溶解する
❺ 溶解後，ゲル板に流し入れ約 30～40 分間放置する
❻ ゲルが固まったら，ラップで包んで冷蔵保存する

☞ゲルは乾燥しないようにすれば 1 か月程度の保存が可能である。

（2）遺伝子多型の電気泳動による確認

❶ パラフィルムに適量の BPB を，泳動するサンプルの数だけ分注しておく

❷ 制限酵素処理をした 0.5 mL チューブに BPB を加える

❸ 色が青に変わったら全量を泳動槽のゲルにアプライする

❹ 分子量マーカーは 5 μL アプライする

❺ ゲル板の下から 3 番目の線の真ん中くらいまでバンドがきたら終了する
泳動時間は約 30 分間

❻ 電気泳動終了後，ゲル板ごとエチジウムブロマイド入り TBE の入った容器にゲルを入れ 20 分間放置し，DNA を染色する

❼ UV で確認する

　PCR 増幅産物を制限酵素 Eco57I で処理した場合に生じる断片は，278 塩基対と 136 塩基対の場合，414 塩基対のみの場合，そして両者の合わさった場合という 3 種類となる。これらをアガロース電気泳動法によって分離するには，高濃度のアガロースゲルがよく，2.5%ゲルを使用した。泳動後のパターンを図 6-4 に示す。

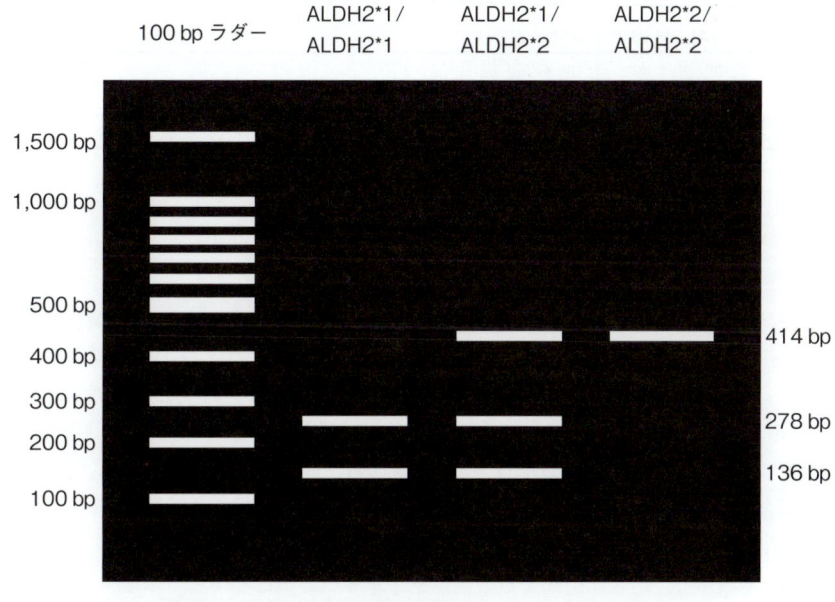

図 6-4　PCR 産物の制限酵素断片長多型（PCR-RFLP）

肝臓におけるアルコール代謝と人種差

摂取したアルコールは肝臓において酢酸にまで酸化分解される。分解には，図6-5に示すように，アルコールデヒドロゲナーゼ（ADH）とアルデヒドデヒドロゲナーゼ（ALDH）という二つの酵素が関与している。いずれもNAD^+を補酵素として必要とする酸化還元酵素で，NAD^+が還元され，基質が酸化される。

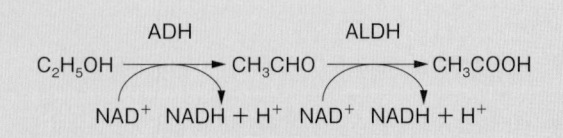

$$C_2H_5OH \xrightarrow[NAD^+ \quad NADH+H^+]{ADH} CH_3CHO \xrightarrow[NAD^+ \quad NADH+H^+]{ALDH} CH_3COOH$$

図6-5　アルコールの分解

表6-4　アルコール代謝の人種差

人種	ADH	ALDH	備考
日本人	高い	低い	血漿アルデヒド値が50〜100倍高い
白人	低い	高い	
黒人	低い	高い	

二つの酵素の代謝活性には人種差があることが知られている（表6-4）。日本人の場合，ADHの活性が高い人が90％を占めるのに対し，ALDHの活性が低い人が44％存在する。それに対して白人の場合，ADHの活性が低く，ALDHの活性は全員高い。日本人でADHの活性が高く，ALDHの活性が低い場合は，最初の分解反応が進むものの，第2段階の分解反応が進まないため，血漿中のアセトアルデヒドの濃度が白人に対して，50〜100倍高くなる。

アセトアルデヒドデヒドロゲナーゼには高濃度になって働くALDH1と低濃度から働くALDH2とがある（表6-5）。両者がそろって初めて，アルコールの分解によって生じたアセトアルデヒドを着実に分解できる。低濃度で働くALDH2には，全く酵素活性をもたないALDH2不活性型があることが知られている。アセトアルデヒドを分解する酵素の働きが欠落した遺伝子が突然変異で出現し，子孫に受け継がれてしまったためである。日本人をはじめとするモンゴロイドにこの遺伝子がみつかっている。白人や黒人にはこの遺伝子の存在が認められていない。

表6-5　ALDHのアイソザイム

アイソザイム	存在場所	特徴
ALDH1	細胞質	アルコール濃度が高いときに働く
ALDH2	ミトコンドリア	アルコール濃度が低いときに働く

ALDH2は第12染色体上にある。その遺伝子構造を図に示す（図6-6）。44 kbの塩基配列中に517のアミノ酸をコードする13個のエキソンが存在している。成熟型のALDH2はポリペプチド合成後にシグナルペプチドがとり除かれたもので，500個のアミノ酸からなる。

エキソン12には本来Gであった塩基が突然変異によってAに変わった1塩基遺伝子多型（SNP: single nucleotide polymorphism）が存在する（図6-7）。この変化はコドンの第1塩基に生じた変異で，コドンによってコードされるアミノ酸がグルタミン酸からリシンに変わる。遺伝子塩基配列の1510番目（G1510A）に生じた変異は，487番目のアミノ酸を変化させ（Glu487Lys, E487K），最終的にALDH2活性の欠損をもたらす。塩基がGである場合の対立遺伝子座シンボルをALDH2*1，塩基がAに変わった場合の遺伝子座シンボルをALDH2*2と表す。また，ALDH2*1をN（normal，野生型），ALDH2*2をD（deficient，欠損型）と表記する場合もある。

ヒトの体細胞は倍数体で，両親に由来する染色体を1本ずつもつことから，体細胞における遺伝子型が表6-5に示すように二つの遺伝子の組み合わせで表現される。二つの遺伝子が同じ場合をホモ，異なる場合をヘテロという。ヒトは表6-6に示すように三つの遺伝子型のいずれかをもっている。アルデヒド代謝活性は，ALDH2*1/ALDH2*1型を1とすると，ALDH2*1/ALDH2*2型の場合は1/16となる。

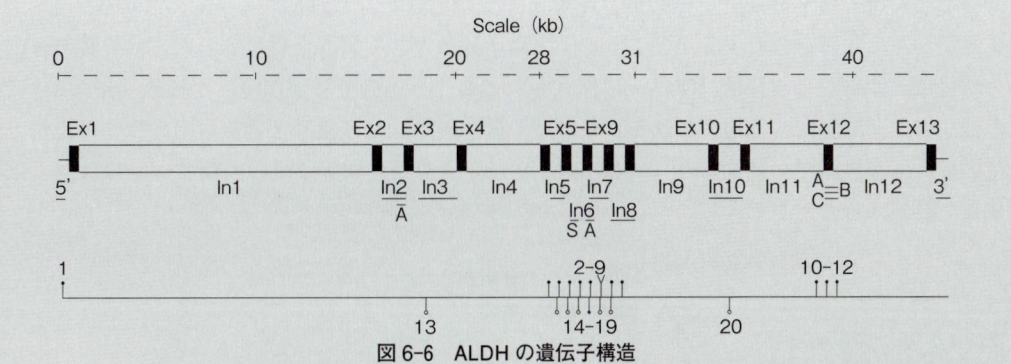

```
                              Scale (kb)
    0           10          20  28    31              40
    |-----------|-----------|---|-----|---------------|---
    Ex1              Ex2 Ex3 Ex4 Ex5-Ex9  Ex10 Ex11 Ex12  Ex13
    ■─────────────■──■──■───■──────────■───■───■─────■──
    5'     In1      In2 In3 In4 In5   In9  In10 In11 A═B In12 3'
                    A          In6 In8                 C
                               S A
    1                         2-9                10-12
    |─────────────────────────|||||───────────────|||─────
                   13         14-19       20
```

図6-6 ALDHの遺伝子構造

exon 12 of ALDH2*1（ALDH2*1のエキソン12）

```
5'...CAAATTACAGGGTCAACTGCTATGATGTGTTTGGAGCCCAGTCACCCTTTGGTGGCTACA
3'...GTTTAATGTCCCAGTTGACGATACTACACAAACCTCGGGTCAGTGGGAAACCACCGATGT

AGATGTCGGGGAGTGGCCGGGAGTTGGGCGAGTACGGGCTGCAGGCATACACTGAAGTGA
TCTACAGCCCCTCACCGGCCCTCAACCCGCTCATGCCCGACGTCCGTATGTGACTTCACT

AAACTGTGAGTGTGG...3'
TTTGACACTCACACC...5'
```

exon 12 of ALDH2*2（ALDH2*2のエキソン12）

```
5'...CAAATTACAGGGTCAACTGCTATGATGTGTTTGGAGCCCAGTCACCCTTTGGTGGCTACA
3'...GTTTAATGTCCCAGTTGACGATACTACACAAACCTCGGGTCAGTGGGAAACCACCGATGT

AGATGTCGGGGAGTGGCCGGGAGTTGGGCGAGTACGGGCTGCAGGCATACACTAAAGTGA
TCTACAGCCCCTCACCGGCCCTCAACCCGCTCATGCCCGACGTCCGTATGTGATTTCACT

AAACTGTGAGTGTGG...3'
TTTGACACTCACACC...5'
```

SNP（一塩基多型）

```
              ThrGluValLysThrValSerVal
ALDH2*1   5'...ACTGAAGTGAAAACTGTGAGTGTGG...3'
ALDH2*2   5'...ACTAAAGTGAAAACTGTGAGTGTGG...3'
              ThrLysValLysThrValSerVal
```

図6-7 ALDH2のエキソン12

表6-6 遺伝子型とアルコールに対する強さの関係

遺伝子型		ALDH2*1/ALDH2*1	ALDH2*1/ALDH2*2	ALDH2*2/ALDH2*2
		NN	ND	DD
アルデヒド代謝活性		1	1/16	0
アルコール対する強さ		強い人	弱い人	全く弱い人
人種別多型分布（%）	日本人	56	40	4
	白人	100	0	0
	黒人	100	0	0

ALDH2*2/ALDH2*2ではアルデヒド代謝活性が全くみられない。その結果，表に示すようなアルコールに対する強さ，すなわち酒に対する強さの差が生じることになる。この変異は日本人をはじめとするモンゴロイドでは，ALDH2*2/ALDH2*2型の割合が4%，ALDH2*1/ALDH2*1型が40%程度存在する。ALDH2*2遺伝子頻度は0.24となる。白人や黒人には変異は全く認められていない。

第7章　栄養素による遺伝子発現の調節

　生命体はたんぱく質を合成し，その働きによって生命活動が行われている。いつどのようなときに，どのようなたんぱく質を合成するかによって，生命活動は大きく影響を受ける。たんぱく質を合成するための情報はデオキシリボ核酸（DNA）に保存されており，その情報が伝令リボ核酸（mRNA）に転写された後，アミノ酸配列へと翻訳される。たんぱく質合成は，転写段階と翻訳段階の二つの過程で調節されている。転写段階での調節についてはmRNAの発現量で，翻訳段階の調節についてはたんぱく質の生成量で評価することができる。

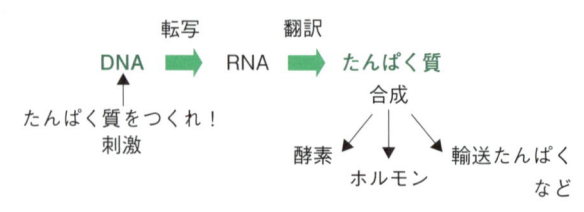

図7-1　たんぱく質の合成過程

1. 実験動物の飼育

　動物実験において重要なことは，実験の目的をしっかりと見極め，目的に沿った飼育条件を設定することである。実験動物を飼育する環境を整え，できる限り苦痛を与えないように心がける。飼育環境の悪化によって，動物の成長や生体リズムに影響が現れ，正しい結果を得ることができないこともある。

1 動物の選択

　実験の目的に合った動物（種）を選択する。マウスやラット，モルモットなどが用いられている。また種の中にも特徴をもった系統があり，例えば，ラットにはウィスター（Wistar）系やSD（Sprague Dawley）系，フィッシャー（Fisher）系などがあり，性格や成長，実験の反応性などにも違いがみられる。

2 飼育環境

　飼育室（飼育保管施設）は，適切な温度（20～25℃），湿度（40～60％），換気，明るさ，明暗周期等を保つことができる構造であることが望まれる。また衛生面についても十分配慮する。たとえ動物が逸走しても，捕獲しやすい構造や，室外からの騒音も防ぐことができる構造が必要である。

　飼育ゲージや飼料箱，給水びんなどは，対象動物に合わせて用いる。ラットの場合，ステンレス製の網ゲージがよく用いられる。

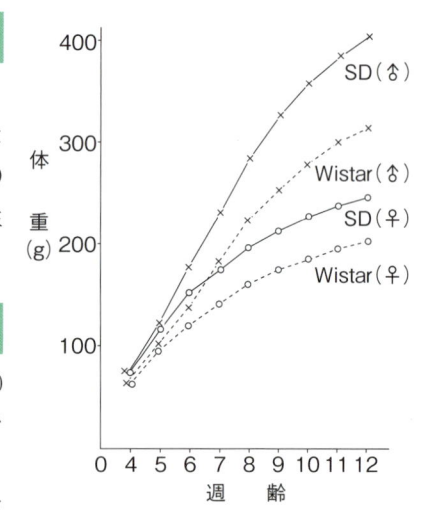

図7-2　Wistar系ラットとSD系ラットの成長比較
（出典：日本クレア株式会社　カタログデータより作図）

3 飼育飼料の調製

　動物実験を行ううえで飼料調製は非常に重要であり，結果に影響を与えることがある。作成には注意を要する。

　動物に与える飼料の基本組成はさまざまあるが，アメリカ栄養

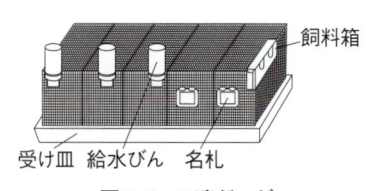

図7-3　5連ゲージ

表7-1 飼料組成の調製例（たんぱく質濃度）

	AIN-93G 標準組成	高たんぱく質 (40%)	低たんぱく質 (5%)
コーンスターチ	397.486 g	197.486 g	497.486 g
カゼイン	200.000 g	400.000 g	100.000 g
α化コーンスターチ	132.000 g	132.000 g	132.000 g
シュクロース	100.000 g	100.000 g	100.000 g
大豆油	70.000 g	70.000 g	70.000 g
セルロース（粉末）	50.000 g	50.000 g	50.000 g
ミネラル混合	35.000 g	35.000 g	35.000 g
ビタミン混合	10.000 g	10.000 g	10.000 g
L-シスチン	3.000 g	3.000 g	3.000 g
重酒石酸コリン	2.500 g	2.500 g	2.500 g
t-ブチルヒドロキノン	0.014 g	0.014 g	0.014 g
合　計		1000.000 g	

学会が提唱した AIN-93G 標準組成が基本となる。この飼料組成をもとに，目的によっては改変して，栄養素の過不足などに対応した飼料を作成することができる

　飼育終了後，麻酔下において，採血や目的とする組織・臓器の採取を行う。この後の測定項目に合わせて，保存処理を行う。

☞ AIN-93G 飼料組成は成長，妊娠，授乳期の組成として用いられる。維持期には AIN-93M の飼料組成がある。ミネラル混合にも G と M があり，それぞれで使い分ける。

☞ 飼料組成を改変する場合には，コーンスターチの増減をもって総量の調製をすることが多い。ここではたんぱく質濃度を変化させた飼料の調製例を示した（表7-1）。

2. ラット肝臓組織におけるアルギナーゼ mRNA の発現

※ 目　的

　たんぱく質合成がステロイドホルモンなどの内因性の調節因子によって影響を受けることはよく知られているところであるが，摂取した栄養素などによっても，生体は転写・翻訳の速度を変化させる。本章ではラットを実験動物として，高たんぱく質食と低たんぱく質食で1週間飼育した場合，アルギナーゼ遺伝子の発現とアルギナーゼの生成（酵素活性）がどのように影響を受けるかを調べ，栄養素がどのような変化を与えるかを学習することを目的とする。

　アルギナーゼ遺伝子の発現は mRNA 生成量で評価するので，まずラット肝臓から RNA を抽出する。

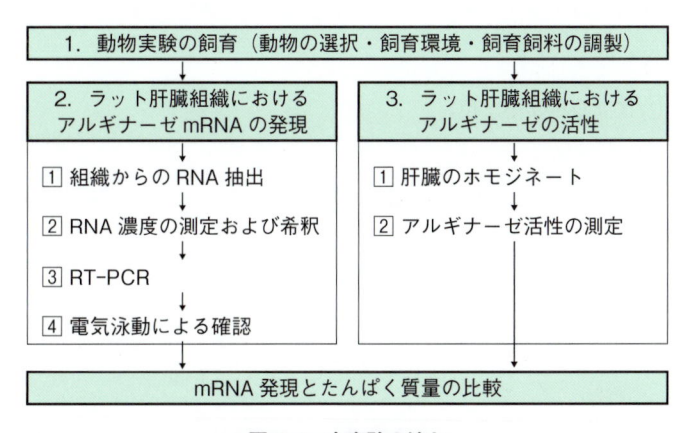

図7-4　本実験の流れ

1 組織からの RNA 抽出

実験に用いる RNA の抽出法について，一般的な抽出方法（AGPC 法）ならびに抽出キットを用いた手法について例を示す。ここではラット肝臓を用いた方法を紹介する。

準備する試料
- [ ] ラット肝臓
  - 〔調製法〕正常食ならびに高たんぱく質食，低たんぱく質食を 1 週間にわたり摂取したラットの肝臓を用いる

準備する試薬
- [ ] 滅菌水（121℃，20 分間，オートクレーブ処理したもの）
- [ ] DEPC 処理水
  - 〔調製法〕0.1% DEPC（diethylpyrocarbonate）を滅菌水に加え，37℃，2 時間，スターラーで撹拌，その後オートクレーブ処理を行う
- [ ] 酢酸ナトリウム溶液（2 mol/L，pH 4.0）
- [ ] クロロホルム・イソアミルアルコール（CIA）混合液（比率 49 mL：1 mL）
- [ ] イソプロパノール
- [ ] 70％エタノール溶液（滅菌水にて希釈）
- [ ] フェノール溶液（RNA 用）
  - 〔調製法〕フェノール（結晶）に滅菌水を加え，65℃で加温。溶解後，よく撹拌する。室温にて放置すると，フェノールと水の二層に分離する。遮光し，冷蔵保存する
- [ ] D 溶液（Denaturing Solution）
  - 〔調製法〕4 mol/L グアニジンチオシアネート，0.25 mol/L クエン酸ナトリウム，0.5％ sodium N-lauroyl sarcosine 0.1 mol/L 2-メルカプトエタノール

準備する器具
- [ ] プランジャーピペット
- [ ] ホモジナイザー（もしくはグラインダー）
- [ ] チップ
- [ ] 1.5 mL マイクロチューブ

準備する装置
- [ ] 高速遠心分離機（マイクロチューブ用）

☞第 9 章 7．遺伝子組み換えの原理（p.116 ～）
☞第 9 章 5．遠心分離法（p.110 ～）

☞RNA 抽出などに用いる場合は，できる限り早く，液体窒素にて凍結，保存（－80℃）することが大切。

ワンポイントアドバイス
RNA は広く存在する RNA 分解酵素（RNase）によって分解されやすいため，作業には十分気を配りたい。そのため，手袋着用のこと。

☞本章で述べる試薬は，調製したものが市販されている。自ら試薬を作成すると，安価であるが手間がかかる。また RNA の抽出キットが販売されており，ほとんどの試薬および器具が含まれ，時間の短縮にもなる。このあたりは，実験の規模等によって各自・判断工夫していただきたい。

☞組織からの RNA 抽出に関するキットは，RNeasy Mini Kit（キアゲン社）や FastPure® RNA Kit（TaKaRa 社）などが市販されている。

（1）AGPC 法による RNA の抽出

❶ ラット肝臓 0.05 g に D 溶液 500 mL（10 倍量）を加え，ホモジナイズする

❷ フェノール 500 μL，2 mol/L 酢酸ナトリウム溶液 75 μL，CIA 200 μL を加え，よく撹拌後，氷上にて 10 分間放置する

❸ 遠心分離（14,000 rpm，10 分間，4℃）する

❹ 上澄（透明な部分，約 350〜400 μL）を新しいマイクロチューブに移し，これに等量のイソプロパノールを加え，4℃で 1 時間静置する

❺ 遠心分離（14,000 rpm，10 分間，4℃）する
この操作によって，RNA が析出・沈殿する

❻ 上澄を除去する
（スピンダウンを行い，イソプロパノールをできるだけ除去する）

❼ D 溶液 300 μL を加え，RNA を再溶解させる

❽ イソプロパノールを等量（300 μL）加え，遠心分離（14,000 rpm，10 分間，4℃）し，RNA を沈殿させる

❾ 沈殿に 70％エタノール溶液 1.0 mL を加え，遠心分離（14,000 rpm，10 分間，4℃）する

❿ エタノール溶液を十分に除去し，DEPC 処理水（または RNase フリー水）を加え，RNA を溶解させる

⓫ −80℃にて保存する

> **ワンポイントアドバイス**
> マイクロチューブ内では 3 層に分離する。上層は水層，下層はフェノール層である。白い塊である中間層には組織のたんぱく質や脂質などが含まれている。
> 上層の水層を採取するが，中間層ぎりぎりまで採取する必要はない。
> 中間層などの混入は今後の実験の精度にかかわる。

☞ スピンダウン：遠心分離機にて 1,500〜2,000 rpm，1〜2 秒間行い，マイクロチューブの縁についている溶液を集める作業。

☞ 溶液の除去は，ピペットを用いて吸いとったり，清潔なキムワイプ上で逆さまにしたりする方法がある。

（2）抽出キットを用いた RNA の抽出

使用キット：RNeasy mini kit　（キアゲン社）

① ラット肝臓 0.03 g に RLT バッファー 600 μL を加える
　グラインダーで肝臓をホモジネートする（約 20 秒間）

② 遠心分離（14,000 rpm，3 分間）する

③ 上澄み約 500 μL を新しいマイクロチューブに慎重に移し変える
　このとき沈殿を吸い上げないように注意する

④ 70%エタノール 600 μL を加え，ピペッターを用い慎重に混和する

⑤ ④の混合液をスピンカラムに加え，遠心分離（≧10,000 rpm，15 秒間）する

⑥ ミニカラムを通過した溶液は捨てる
　ミニカラムに RW1 バッファー 700 μL を加え，遠心分離（≧10,000 rpm，15 秒間）する（ミニカラムの洗浄）

⑦ ミニカラムを通過した溶液は捨てる
　ミニカラムを新しいチューブ（2 mL）にセットし，RPE バッファー 500 μL を加える
　その後，遠心分離（≧10,000 rpm，15 秒間）する

⑧ ミニカラムを通過した溶液は捨てる
　再度，チューブにミニカラムをセットし，RPE バッファー 500 μL を加える
　その後，遠心分離（≧10,000 rpm，2 分間）する

⑨ ミニカラムを通過した溶液は捨てる
　ミニカラムを新しいチューブ（2 mL）にセットし，バッファーの完全な除去のため遠心分離（14,000 rpm，1 分間）する

⑩ RNA を溶出させる
　ミニカラムを新しいチューブ（1.5 mL）にセットし，ミニカラム内の膜（シリカメンブレン）に RNase フリー水 50 μL を直接ピペットで添加する
　その後，遠心分離（≧10,000 rpm，1 分間）する

⑪ ⑩の操作と同様に，メンブレン上に RNase フリー水 30 μL を添加し，遠心分離する

⑫ カラムを通過した溶液（約 80 μL）が RNA 溶液となる
　−80℃で保存する

☞第 9 章 5．遠心分離法（p.110 ～）

RNeasy mini kit 付属試薬
- □ RLT バッファー
- □ RW1 バッファー
- □ RPE バッファー
- □ RNase フリー水

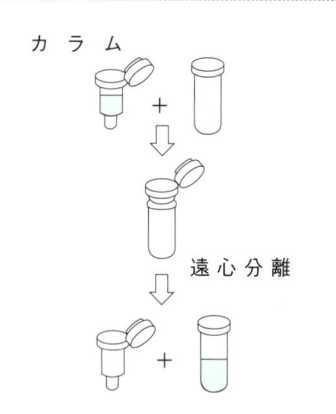

図 7-5　実験操作

ワンポイントアドバイス

キットを使用すると，時間はかなり短縮できるが，逆に急ごうとするあまり，ミスをする学生も多い。RNA は眼で見えないため，ミスが発覚するのは，実験がかなり進んでからである。一つひとつ手順を確認しながら，作業を行うべきである。

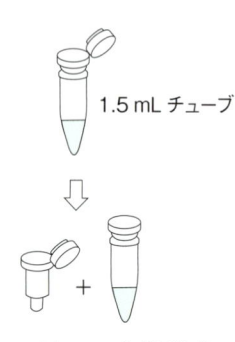

図 7-6　実験操作

ワンポイントアドバイス

市販されているキットごとに，実験のプロトコルが異なる。それぞれのキットに添付されている資料を参照のこと。

2 RNA 濃度の測定および希釈

☞第 9 章 1．分光分析の原理（p.97 ～）
☞第 9 章 7．遺伝子組み換えの原理（p.116 ～）

逆転写ポリメラーゼ連鎖反応（RT-PCR）を行うためには，試料溶液に含まれる RNA 量が一定である必要がある。RNA や DNA には紫外波長領域において，吸収極大をもつ特徴がある。この特徴を利用し，RNA 濃度を吸光度より換算し，RNA 量を一定に調整する。

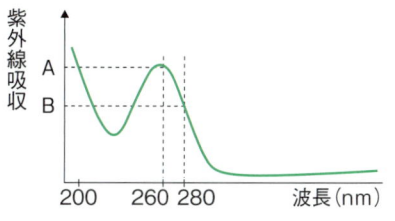

図 7-7　核酸溶液の波長スペクトル

準備する試料
☐ 肝臓より抽出した RNA

準備する試薬
☐ 滅菌水（121℃，20 分間，オートクレーブ処理したもの）

準備する器具
☐ プランジャーピペット　☐ チップ　☐ 石英角セルおよびセル（微量測定用）

準備する装置
☐ 分光光度計

❶ 表 7-2 に従って試料調製後，分光光度計により波長 260 nm および 280 nm での吸光度を測定する（希釈倍率 20 倍となる）

❷ 波長 260 nm および 280 nm の吸光度から，A_{260}/A_{280} を算出し RNA の純度を検定する

☞純度は 1.5 ～ 2.0 の範囲が望ましい。

❸ 吸光度より RNA 濃度を算出する
20 倍希釈溶液中の RNA 濃度を a（ng/μL）とすると，次の関係が成立する
40 ng/μL（RNA 濃度）：1.0（A_{260}）＝ a：試料溶液の A_{260}
希釈前の試料中の RNA 濃度（ng/μL）は，次の式で求められる
試料溶液 RNA 濃度（ng/μL）＝ a × 20

☞RNA はその濃度が 40 μg/mL であるとき，波長 260 nm の吸光度が 1.0 となることが知られている。

☞μg/mL ＝ ng/μL

❹ 各試料溶液の濃度（ng/μL）から，次に用いる試料（50 ng/μL）を調製する

☞吸光度の表記は以下のように示す。
260 nm：A_{260}
280 nm：A_{280}

表 7-2　試料容量

蒸留水	190 μL
RNA 溶液	10 μL
総量	200 μL

例）波長 260 nm での吸光度が 0.425，希釈率 20 倍の場合

RNA 濃度 ＝ 0.425 × 40 ng/μL × 20
　　　　 ＝ 340 ng/μL
↓
最終濃度を 50 ng/μL に調整するため

$$\frac{340 \text{ ng/μL}}{50 \text{ ng/μL}} = 6.8 \text{ すなわち } 6.8 \text{ 倍に希釈}$$

↓
サンプル 10 μL に DEPC 水を加え，全量を 68 μL に調整
↓
最終確認：でき上がった溶液は

$$\frac{340 \text{ ng/μL} \times 10 \text{ μL}}{68 \text{ μL}} = 50.0 \text{ ng/μL となる。}$$

3 RT-PCR（cDNAの合成ならびに増幅反応） ☞第9章7.遺伝子組み換えの原理（p.116～）

　遺伝子発現の調節は転写産物であるmRNA量の定量，あるいは翻訳産物であるたんぱく質の定量あるいは酵素活性の測定によって解析できる。

　本実験では肝臓中アルギナーゼmRNA発現量の定量を行う。抽出したmRNAを逆転写酵素（RT：Reverse Transcriptase）によってcDNAとした後，PCRによるDNA増幅反応でmRNAの定量を行う。実験の手段については市販のRT-PCRキットを用いた方法を紹介する。

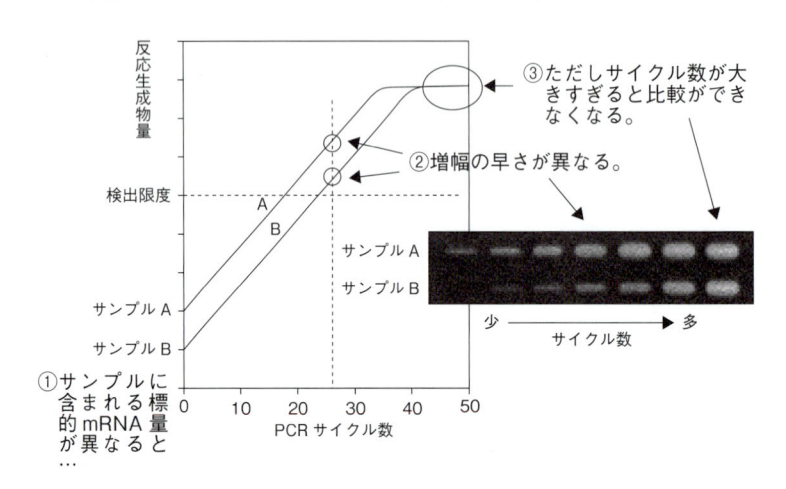

図7-8　PCRサイクル数と反応生成物の関係

準備する試料
- □ 肝臓より抽出したRNA（50.0 ng/μL）

準備する試薬
- □ TAKARA One Step RNA PCR Kit（TaKaRa社）
- □ PCRプライマー（フォワード，リバース）

　　文献などから，プライマーを検索し，業者に合成を依頼する。

☞プライマーは標的とするmRNAに適切なものを使用する。

プライマーセット
肝アルギナーゼ（ラット）
　フォワードプライマー：5'-ATTGTGAAGAACCCACGGTC-3'
　リバースプライマー　：5'-ATCTCGCAAGCCGATGTACA-3'

（Kitiyakara, C., Chabrashvili, T., Jose, P., Welch, W. J., Wilcox, C.S.: Effect of dietary salt intake on plasma arginase, *Am. J. physiol. Regulatory Integrative Comp Physiol.*, **280**: R1069～R1075, 2001）

準備する器具
- □ プランジャーピペット
- □ チップ
- □ 200 μL PCR用マイクロチューブ

準備する装置
- □ サーマルサイクラー

RT-PCR キットを用いたアルギナーゼ mRNA の増幅
使用キット：One Step RNA PCR Kit（TaKaRa 社）

❶ PCR 反応用マイクロチューブに次の反応液を調製する

試　薬	使用量	
10×One Step RNA PCR buffer	5 μL	⎫
25mmol/L MgCl$_2$	10 μL	⎪
10mmol/L dNTP	5 μL	⎪
RNase Inhibitor	1 μL	⎬ Pre-mixture
AMV RTase XL	1 μL	⎪
AMV-Optimaized Taq	1 μL	⎪
PCR Forward Primer	1 μL	⎪
PCR Reverse Primer	1 μL	⎪
RNase free 滅菌水	23 μL	⎭
RNA（10～100ng）	2 μL	
合計	50 μL	

❷ 反応液の調製後，サーマルサイクラーにセットし，PCR を行う

❸ 反応終了後，電気泳動により確認する

ワンポイントアドバイス

市販されているキットごとに，実験のプロトコルが異なる。それぞれのキットに添付されている資料を参照のこと。

☞ Pre-mixture をあらかじめマイクロチューブに準備しておき，これに RNA を加える。最終的な量を 50 μL とした。半分量の 25 μL でも反応は可能である。

☞ 実験で用いる本数分を，まとめて作成するとよい。分注のロスを考えて，1～3 本分多めの量で作成しておくこと。例えば，30 本作成のところ，32 本分で液量計算し，よく混合の後，分注する。

☞ PCR の反応条件は，プライマーの長さ（塩基数）や生成物の鎖長の長さによって異なる。反応温度や時間，サイクル数はあらかじめ，予備実験をやって，よりよい条件を見つけておく必要がある。

☞ 42℃ 15 分　逆転写反応
　95℃ 2 分　逆転写酵素の不活化
　95℃ 20 秒 ⎤
　58℃ 20 秒　PCR 反応：20～25 サイクル
　72℃ 30 秒 ⎦
　　4℃ ～

4 電気泳動による確認

☞第9章 4. 電気泳動の原理（p.105〜）

　RT-PCRによって得られた試料を電気泳動によって確認する。PCRによって増幅した領域のサイズ（塩基数）を，分子量（DNAサイズ）マーカーによって確認をしながら進める。

　正常群と実験群の結果を比較し，どちらのmRNA量が多く含まれていたかを目視にて，さらには画像としてパソコンでとり込み，処理をして，比較をする。

準備する試料
- [ ] RT-PCR反応産物

準備する試薬
- [ ] 5×TBE緩衝液
  〔調製法〕トリス：54 g，ホウ酸：27.5 g，0.5 mol/L EDTA（pH 8.0）：20 mLを1 Lにメスアップする

☞保存液は5×（5倍濃度）で調整し，使用直前に5倍希釈する。

- [ ] 6×ゲルローディングバッファー
  〔調製法〕ブロモフェノールブルー，キシレンシアノールなどを含む溶液。さまざまなものがある

- [ ] DNA分子量マーカー（サイズマーカー）
  〔調製法〕φ174/HaeⅢ digestや100 bp ladder Markerなど用途に合わせて使用する

- [ ] エチジウムブロマイド（10 mg/mL）

準備する器具
- [ ] プランジャーピペット　　□チップ

準備する装置
- [ ] 電気泳動装置（サブマリン型）およびパワーサプライ
- [ ] トランスイルミネーターおよびポラロイドカメラ

（1）アガロースゲルの作成

❶ アガロースゲル（1%）を作成する
　　アガロース1 gを1×TBE緩衝液にて溶解する

☞オートクレーブや電子レンジにて溶解させる。どちらも溶解後，十分撹拌する。電子レンジは突沸およびやけどに注意すること。

❷ アガロースの粉末が溶けたことを確認し，撹拌しながら，ゆっくりと冷ます
　　手で触れる温度になったら，エチジウムブロマイド溶液（10 mg/mL溶液をアガロースゲル100 mLに対して10 μL）を加え，よく撹拌し，型に流し込む
　　コームをセットし，泡などの気泡をとり除く

☞エチジウムブロマイドは強い変異原性をもつことが報告されている。エチジウムブロマイドを含む溶液を扱う場合には，手袋を使用すること。

❸ 十分に固まった後，電気泳動に用いる

（2）試料の調製

❶ 電気泳動試料の調製を行う
　　RT-PCR反応を終えた試料25 μLにゲルローディングバッファー（6×）を5 μL加える
　　その後，よく撹拌する

☞ゲルローディングバッファー：電気泳動の様子を知ることができる色素と比重の重いグリセロールを含んだ溶液。これと混合させることによって，溶液は水中で沈む。

（3）電気泳動

❶ アガロースゲルを電気泳動槽にセットし，電気泳動バッファー（1×TBE 溶液）を加え，ゲルを水面下に沈める

❷ サンプルをウェルにアプライする
①で調整された泳動試料を一定量（10 μL または 20 μL）用いる

❸ すべてアプライが終わったら，DNA サイズマーカーの溶液を一定量加える

❹ アプライした溶液がすべてウェルの底に沈むまで，5 分ほど待つ

❺ 電気泳動槽をセットし，電気泳動（100 V，30〜40 分間）する
ローディングバッファーに含まれる色素（BPB）の線が約 2/3 程度まで進んだら泳動を終了する

❻ その後，トランスイルミネーターにて紫外線照射下で，泳動像の写真を撮影する（もしくは画像データとしてとり込む）

☞ ウェルとアプライ：ウェルはアガロースゲルにつくられた溝のこと。アプライはウェルにサンプルを加えること。

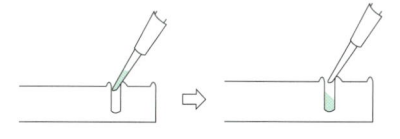

図 7-9　実験操作

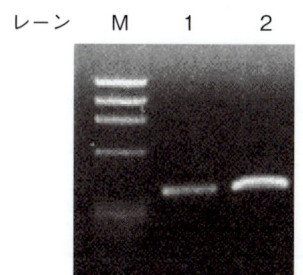

M：サイズマーカー
1：低たんぱく質群
2：高たんぱく質群

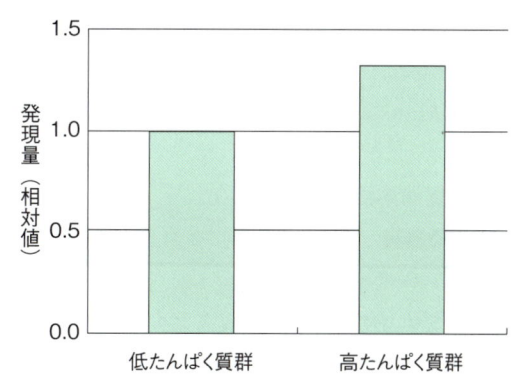

図 7-10　RT-PCR を用いた肝アルギナーゼ mRNA 発現結果例

☞ 画像データより，色の濃淡によって数値化ができるソフトがあり，数値化し，グラフ化することも可能である。

📖 リアルタイム RT-PCR

リアルタイム RT-PCR とは PCR の増幅をリアルタイムで解析する方法である。反応溶液中に蛍光標識試薬が含まれ，これを光度計によって検出し，数値化する。電気泳動は行わないため迅速な結果・解析と定量性に優れている。しかし，サーマルサイクラーと蛍光光度計などを一体化した装置が必要となり，価格もさまざまである。

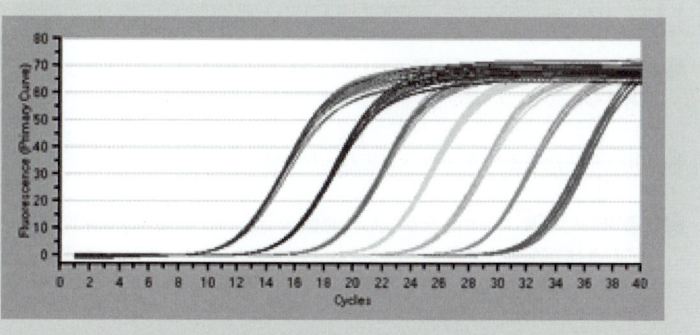

図 7-11　Thermal Cycler Dice® Real Time System の一例
（出典：タカラバイオ株式会社　ホームページ）

3. ラット肝臓組織におけるアルギナーゼの活性

これまでは栄養素による遺伝子発現の調節について検討してきたが、さらに理解を深めるため、mRNAの産物である生成たんぱく質を、今回は酵素活性という形で検証する。これによって、DNAからRNAを介したんぱく質が合成される"生命の流れ"を理解することを目的とする。

※ 目 的

ラット肝臓に含まれる、アルギナーゼの酵素活性を測定する。アルギナーゼは、基質であるアルギニンをオルニチンと尿素への加水分解を触媒する酵素である。酵素反応後、生成物である尿素量から、酵素活性の違いを検討する。

準備する試料

☐ ラット肝臓
　[調製法] 正常食ならびに高たんぱく質食、低たんぱく質食を1週間摂取したラットの肝臓を用いる

準備する試薬

☐ カコジル酸ナトリウム緩衝液（0.1 mol/L，pH 6.5）
☐ アルギニン溶液（0.5 mol/L，pH 9.7：基質）
☐ 硫酸マンガン溶液（4 mmol/L，必要時に調製）　☐ 過塩素酸（5% v/v）
☐ α-イソニトロソプロピオフェノン試薬
　[調製法] α-イソニトロソプロピオフェノン1gに濃硫酸85 mLおよびリン酸20 mLを混合し蒸留水で500 mLに定容する

☐ 尿素標準溶液　（0.5 mmol/L）

準備する器具

☐ プランジャーピペット　　　　　　☐ チップ
☐ ホモジナイザー（もしくはグラインダー）　☐ ガーゼ
☐ 試験管　　　　　　　　　　　　　☐ 沸騰湯浴槽

準備する装置

☐ 卓上小型遠心分離機（スピンダウン用）
☐ 分光光度計（石英角セル）

1 肝臓のホモジネート

① 肝臓1.0 gをカコジル酸ナトリウム緩衝液4.0 mLにてホモジナイズする　　☞ 冷却しながら行う。

② 均一化したホモジネート溶液をガーゼで濾す

③ ろ過した溶液1.0 mLを採取し、蒸留水5.0 mLを加え、混和する　　☞ 希釈倍率は20倍。
これを試料溶液とする

2 アルギナーゼ活性の測定

☞第 9 章 1．分光分析の原理（p.97～）
☞第 9 章 5．遠心分離法（p.110～）

（1）酵素反応

① 試験管にアルギニン 1.0 mL，硫酸マンガン溶液 0.5 mL を採取し，37℃で予備加温する

② 加温した試験管に試料溶液 0.5 mL を加える

③ 37℃で 10 分間加温する

④ 過塩素酸 5.0 mL を加え，よく混合し，反応を停止させる（試験管全量 7.0 mL）

☞溶液は白く濁る。遠心分離によって，除去する。

⑤ 遠心分離を行う

⑥ 上澄を新しい試験管に移し，尿素の測定に用いる

（2）試料の変性

① 試験管にアルギニン 1.0 mL，硫酸マンガン溶液 0.5 mL を採取し，これに過塩素酸 5.0 mL を加える

☞試験管 7.0 mL 中 1.0 mL を用いる。よって実際の活性は 7 倍となる。

② 本試験③にて得られた，試料溶液 0.25 mL を加える

☞α-イソニトロソプロピオフェノン試薬は強酸性であるので，取り扱いには注意すること。

③ 以下，本試験と同様に，遠心分離し，尿素の生成量測定に用いる

（3）尿素の標準溶液

① アルギナーゼ酵素反応を行った溶液 1 mL ならびに尿素の標準溶液（0.5 mmol/L）を試験管に用意する

表 7-3　各試験の試薬容量

標　　　準	尿素標準溶液 1.0 mL
本　　試　　験	酵素反応溶液 1.0 mL
ブランク試験	未反応溶液 1.0 mL
試　薬　盲　検	蒸留水 1.0 mL

（4）尿素活性の定量

① 各試験管にα-イソニトロソプロピオフェノン試薬 6 mL を加え，よく混合し，沸騰浴槽にて 1 時間加熱する

☞尿素窒素量として，測定キットを使用することもできる。測定方法については，キット参照のこと。
　例）尿素窒素テストワコー
　　　（Wako 社）

② 冷却後，波長 520 nm での吸光度を測定する

③ 本試験の吸光度から，ブランク試験ならびに試薬盲検の吸光度を勘案し，標準溶液から濃度を算出する

（5）アルギナーゼ活性の計算

① 肝臓 1 g あたり，1 分間に生成する尿素量として計算し，グラフを作成する

肝臓 1 g あたり，1 分間のアルギナーゼ生成量（mmol/L/g/分）

$$= \frac{尿素生成量（mmol/L）\times 希釈倍率（20 \times 7）}{肝臓重量 1 g/10 分}$$

課題

（1）二つの実験，アルギナーゼ mRNA の発現観察（RT-PCR）の結果と，肝アルギナーゼ酵素活性の結果を比較してみよう。

（2）二つの実験の結果から試料中のたんぱく質量と遺伝子発現にはどのような関係があるのか考えよう。

第8章　遺伝子導入実験

1. 大腸菌への遺伝子導入

☞第9章7. 遺伝子組み換えの原理（p.116～）

　外部からデオキシリボ核酸（DNA）を導入し，その生物の遺伝的性質を変えることを形質転換という。形質転換は生物学研究の手段としてだけではなく，バイオテクノロジーを支える遺伝子工学技術のひとつである。

　細菌に形質転換を行う場合，前もってコンピテント処理した細菌を用い，外来遺伝子はプラスミドをベクターとする場合が多い。

❋ 目　的

　ウミクラゲ由来の緑色蛍光たんぱく質（GFP：green fluorescence protein）遺伝子を大腸菌に導入する。ベクターとする pGLO は，外来の遺伝子として GFP とアンピシリン耐性遺伝子（bla）を組み込んであり，GFP 遺伝子の転写を制御するアラビノースプロモータ遺伝子（P_{BAD}）を組み込んで作成したプラスミドである。このプラスミドを塩化カルシウム存在下で，ヒートショックにより大腸菌 HB101 株に導入する。遺伝子導入した大腸菌をアンピシリンを含む選択培地，アラビノースを含む誘導培地を用いて培養し，コロニーを形成させる。

準備する試料・試薬

- □ 大腸菌 HB101 株（LB 寒天培地でコロニーを形成させておく）
- □ プラスミド pGLO（Bio-Rad 社　Biotechnology Explorer™，http://discover.bio-rad.co.jp）0.1 μg/μL
- □ LB 寒天培地粉末（培地1L あたり10 g のトリプトン，5 g の酵母抽出物，10 g の NaCl，寒天粉末15 g を含む）
- □ 10 mg/mL アンピシリン（Amp）溶液
- □ 150 mg/mL L-アラビノース（ara）溶液
- □ 滅菌済み LB 培地（培地1L あたり10 g のトリプトン，5 g の酵母抽出物，10 g の塩化ナトリウム（NaCl）を含む）
- □ 50 mmol/L 塩化カルシウム（$CaCl_2$），pH 6.1（形質転換溶液）
- □ 70% エタノール溶液

☞実験前日に寒天培地に大腸菌をまき，37℃で16～20時間培養し，コロニーの大きさが1～1.5 mm となるようにする。コロニーが育った状態を4℃で保存することができる。

☞五炭糖の一種であるアラビノースの天然型は，L 体である。

準備する器具

- □ 300 mL 三角フラスコ3個
- □ 滅菌済み100 mm プラスチックシャーレ6枚
- □ 1.5 mL マイクロチューブ（オートクレーブ滅菌）2本
- □ アイスボックス（氷を入れておく）
- □ マイクロチューブ用フロート
- □ 滅菌済み植菌用ループ（白金耳）
- □ ビニールテープ
- □ 軍手
- □ プランジャーピペット
- □ チップ（オートクレーブ滅菌）
- □ マイクロチューブラック
- □ ガラスコンラージ棒
- □ ストップウォッチ

準備する装置

- □ 電子レンジ
- □ ガスバーナー
- □ ウォーターバス（42℃）
- □ 孵卵器（37℃）
- □ オートクレーブ

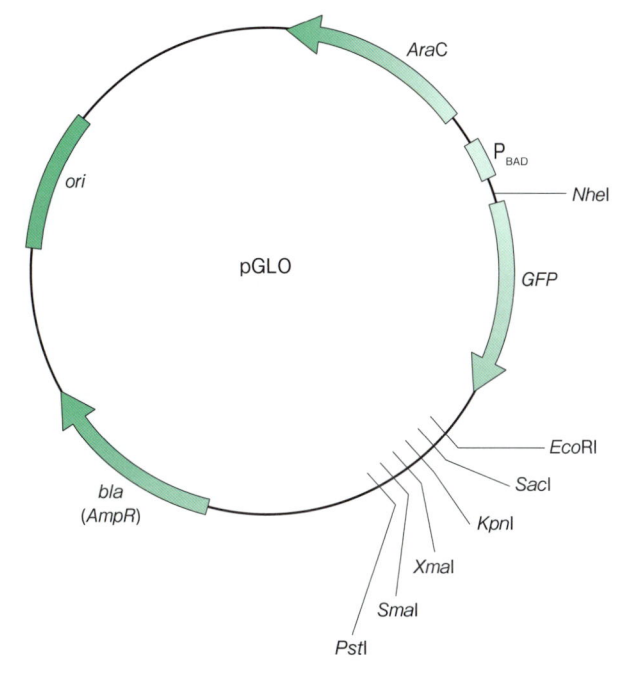

図 8-1　プラスミド pGLO
pGLO は，バイオ・ラッド　ラボラトリーズ社で教育用に作成された全長 5.4 kb の環状 DNA である。このプラスミドには，複製開始点（ori），アンピシリン耐性遺伝子（AmpR），GFP 遺伝子（GFP），AraC たんぱく質遺伝子（araC），アラビノースプロモーター（P_{BAD}）がコードされている。GFP の下流には，マルチクローニングサイトと呼ばれる複数の制限酵素（EcoRI，SacI，KpnI，XmaI，SmaI，PstI）で切断できる配列が挿入されている。

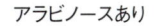

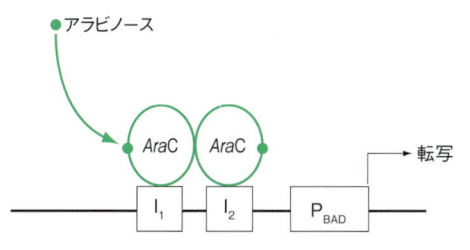

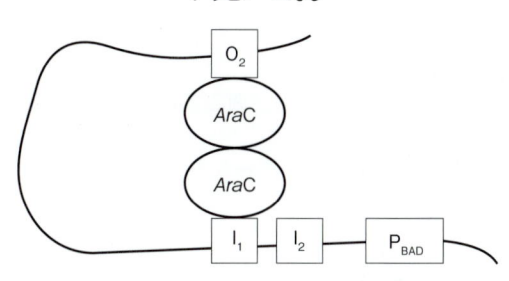

図 8-2　アラビノースによる転写制御
pGLO にコードされている araC 遺伝子からは AraC たんぱく質がつくられている。AraC たんぱく質は，アラビノースのない状況では，二量体を形成し，イニシエーター配列（I_1）とオペレーター配列（O_2）とに結合して転写を阻害している。アラビノースがあると，アラビノースを結合した AraC は，立体構造を変化させ，I_1 と I_2 とに結合するようになり，転写が開始される。

❶ 300 mL 三角フラスコを 3 個用意し，それぞれに脱イオン水 50 mL と LB 寒天培地の粉末 2 g を入れ，ダマにならないように軽く撹拌する

❷ 電子レンジで加熱し，培地を沸騰させて液が透明になるまで寒天を可溶化した後，放冷する

☞ 加熱したフラスコは軍手を使って扱う。電子レンジの加熱終了後に，不用意に撹拌すると突沸するので，静かに撹拌する。

☞ Amp, ara ともに 60℃ 以上では失活する。

❸ 3 個の三角フラスコは，A. LB のみ，B. LB + Amp，C. LB + Amp + ara とし，寒天培地が 60℃ 程度になり，手で軽く触れることができるようになってから，B と C には Amp 溶液 500 μL，C には ara 溶液 1.5 mL を加える

❹ ガスバーナーを点火し，炎の高さを 15 〜 20 cm とする
培地を注いだり，植菌したりする無菌操作は，ガスバーナーの上昇気流の下で行う

ワンポイントアドバイス
炎によってつくられる上昇気流によって，ガスバーナーの周辺では空気中の塵やカビの胞子などが舞い上がるため，無菌的な操作が可能となる。

❺ 100 mm プラスチックシャーレの底にフェルトペンで LB 培地のみ（LB），LB + Amp（LB/Amp），LB + Amp + ara（LB/Amp/ara）の 3 種類を 2 枚ずつにマークし，計 6 枚のプレートをつくる

❻ 1 枚あたり約 25 mL（作成した培地の半量）の培地を注ぎ，水平を保って固まらせる（固まると培地に濁りが出てくる）

☞ 寒天培地をシャーレに準備したものをプレートと呼ぶ。

❼ 寒天の固まったプレートは，逆さまにした状態で，ふたの上に少しずらしておき，使用するまで乾燥させておく

❽ 2 本の 1.5 mL マイクロチューブを用意し，＋ DNA（プラスミドを加える）と − DNA（プラスミドを含まない）とフェルトペンで書き込み，それぞれに 50 mmol/L $CaCl_2$（形質転換溶液）250 μL を入れ，マイクロチューブは氷に刺しておく

❾ 大腸菌を培養したプレートから，植菌用ループを用いてコロニーを 1 個すくいとり，マイクロチューブの形質転換溶液に溶かし入れる
はじめに − DNA のチューブに入れ，つぎに ＋ DNA のチューブに入れ，2 本分行う
マイクロチューブは氷に刺しておく

ワンポイントアドバイス
コロニーをすくいとる際には，植菌用ループもしくは白金耳のループ部分を使って寒天表面からはがしとるように，コロニー全体をはぎとる。マイクロチューブに懸濁する際は，植菌用のループを指ではさんで回転させるとよい。

❿ プラスミド溶液 10 μL を ＋ DNA のチューブにのみ加える

⓫ 大腸菌を入れたチューブをフロートにセットして，42℃ のウォーターバスに浮かべ，ヒートショックを加える
正確に 50 秒間経過後，チューブを氷上に戻して 2 分間冷却する

⓬ それぞれのチューブに LB 培地を 250 μL 加え，室温で 10 分間放置する

⑬ 寒天培地プレートの底にサンプル名＋DNA と－DNA とをフェルトペンで記入する

⑭ チューブをタッピングして溶液を混ぜた後，1枚のプレートあたり菌液 100 μL を滴下する

⑮ 70％エタノールに浸したスプレッダーをガスバーナーの炎に通してエタノールをとばし，プレートの寒天培地の端のほうに少しさわることで冷ます
シャーレを手で回転させながら，スプレッダーを使って菌をプレート上にまんべんなく広げる
＋DNA を3枚に，－DNA を3枚に植菌する

⑯ 班名をフェルトペンで記入してから，プレートを逆さまにして孵卵器に入れ，37℃で一晩培養する

⑰ 実験終了後，ガスバーナーを消してから，実験台は 70％エタノール溶液とペーパータオルを使って拭きとる
菌を含む液，菌と接触した器具は，廃棄する前にオートクレーブをかけて滅菌する
実験室を退出する前に手を洗う

⑱ 翌日，プレートを回収し，プレートのふたと皿の間をビニールテープで目張りし，水分が蒸発しないようにして，逆さまにして4℃の冷蔵庫でプレートを保管する

☞ プレートは6枚。
　＋DNA/LB
　＋DNA/LB/Amp
　＋DNA/LB/Amp/ara
　－DNA/LB
　－DNA/LB/Amp
　－DNA/LB/Amp/ara

☞ ガスバーナーの火が 70％エタノールに引火しないように，エタノールはガスバーナーから離れた場所に置く。スプレッダーをガスバーナーで熱するのではなく，アルコールを燃やしてとばすようにする。

☞ 寒天培地を上に，ふたを下にすることにより，培養面に水滴が落ちないようにしておく。

ワンポイントアドバイス
作成した組み換え大腸菌を孵卵器で増殖させる場合は孵卵器に，冷蔵庫で保管する場合は冷蔵庫に「組み換え体保管中」の表記をする。

参考資料：http://www.bio-rad.co.jp/cmc_upload/Literature/193375/M4119_Kit1Manual.pdf

1. 大腸菌への遺伝子導入

2. 形質転換効率の測定

　形質転換に使用したDNAに対してどの程度の大腸菌が形質転換を起こしたかを形質転換効率（遺伝子導入効率）という。形質転換効率は用いた大腸菌の菌株，培養条件，コンピテント処理などによって大きく変化する。

❋ 目　的

　pGLOを導入した大腸菌としない大腸菌でLB培地，LB/Amp培地上のコロニーの様子を観察しコロニー数を数え，形質転換効率（遺伝子導入効率）を求める。遺伝子導入された大腸菌へのara投入によりGFP遺伝子が転写，翻訳されGFPたんぱく質が産出されることを確認する。

準備する試料

　□遺伝子導入した大腸菌HB101株をまいたプレート

準備する器具

　□マーカーペン　　□カウンター（数取器）

準備する装置

　□UVランプ　　□オートクレーブ

❶ 遺伝子導入した大腸菌を培養したプレートに形成されるコロニーの様子を観察し，記録する

❷ LB，LB/Amp，LB/Amp/araの3枚のプレートで形成されるコロニー数を数える
　マーカーペンで，シャーレの底に，コロニーの形成されている部分に印をつけながら，カウンターで数えていく

❸ LB/Ampでのコロニー数から形質転換効率を算出する
　LB/Ampプレートには，菌液100 μLを用いたが，この菌液はコロニー1個分の大腸菌を形質転換液250 μL，DNA溶液10 μL，LB培地250 μLに懸濁したもので（全量510 μL），DNAを1 μg（0.1 μg/μLを10 μL）含んでいる
　形質転換効率は，1 μgのDNAによってAmp耐性となった大腸菌のコロニー数（形質転換細胞数/μgDNA）で表す

❹ LB/AmpとLB/Amp/araに形成されたコロニーに対して紫外線を照射し，コロニーの蛍光を観察し，記録する

❺ 実験終了後，実験台は70%エタノール溶液とペーパータオルを使って拭きとる
　菌を培養したプレート，菌と接触した器具は，廃棄する前にオートクレーブをかけて滅菌する
　実験室を退出する前に手を洗う

☞ プレートにまく大腸菌数が多い場合，コロニーとはならず，一面の白っぽいシート状に増殖する。

👍 ワンポイントアドバイス

コロニー数が多い場合は，シャーレをいくつかの区画に分割するようにマーカーペンで線をひき，その区画のコロニー数を数えてから区画の数をかけてコロニー数を算定する。

☞ 寒天培地上で細菌にコロニー形成させる場合，形成された1個のコロニーは，1個の細菌に由来する。

☞ 紫外線照射器からの紫外線を直接眼で見ないこと。

👍 ワンポイントアドバイス

araによるGFPたんぱく質の誘導は，37℃で1～2時間で可能である。LB/Ampのプレートに形成されたコロニーの一部分に150 mg/mL L-ara溶液50 μLを滴下して，37℃で1～2時間培養した後，紫外線を照射して観察すると，ara溶液を加えた部分のコロニーのみが緑色の蛍光を発することを観察することができる。

第9章　生化学実験の原理とデータ処理

1. 分光分析の原理

分光光度計は，生化学実験で特に重要であり，次の3種の利用法がある。

- ある化合物のある波長における比吸光度 a が既知ならばその波長における吸光度を測定して定量する。ヌクレオチドのように a が大きければわずか $2 \sim 4 \mu g$ ぐらいの微量でも正確に測定できる。
- 反応の経過を吸光物質の生成または消失によって測定する。NADH（または NADPH）は 340 nm に強い吸収をもつが，酸化型の NAD^+（または $NADP^+$）は 340 nm に吸収をもたない。したがって NADH（または NADPH）が生成，消失する反応ではこれを利用して反応経過を知る。
- 可視部や紫外部の吸収スペクトルによって化合物の同定を行う。

分光分析では Lambert の法則と Beer の法則が大切である。Lambert の法則によれば，光は試料溶液の一定の厚さごとに一定の割合で吸収される。

$$A = \log_{10} \frac{I_0}{I} = a_s d$$

I_0：入射光の強度

I：透過光の強度

a_s：溶液特有の吸光係数

d：溶液の厚さ

A：吸光度

Beer の法則によると溶液の光の吸収は溶液中の溶質濃度 c に比例する。

$$\log_{10} \frac{I_0}{I} = a_s{'} c$$

Lambert と Beer の法則を一緒にすれば Lambert-Beer の法則は次式で表される。

$$A = \log_{10} \frac{I_{10}}{I} = \varepsilon c d$$

ここで標準キュベットを用いて $d = 1$ cm とすれば $A = \varepsilon c$ となり，c をモル濃度（mol/L）としたとき，ε をモル吸光係数（$mol^{-1} \cdot L$）と呼ぶ。これは各物質に固有な定数である。

分光分析器は次のようにできている。

- 光源（L）
- 単色光（または狭いエネルギー範囲の光）をとり出す装置，モノクロメーター
- 受光部（E）

代表的な例として Beckman 分光光度計の略図を示す（図 9-1）。回路格子，またはプリズム B が光をスペクトルに分ける。スリット C でこのスペクトルから狭い範囲の光だけをとり出す。キュベット D を遮光した小室に置く。入射光をキュベットにあて，その透過光が受光部（E）の光電管にあたる。光電管は光信号を電気信号に変換する。電気信号は増幅器で増幅され，電位差計で測定される。アナログからデジタル量に変換後，log 変換され，吸光度として表示される。

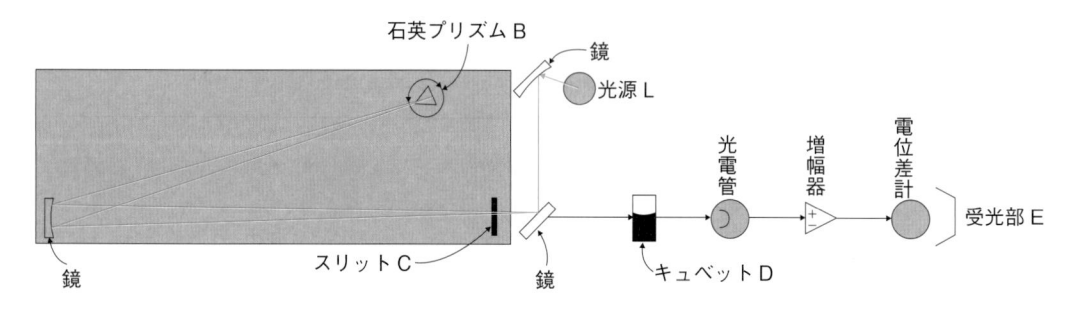

図 9-1　Beckman 分光光度計

表 9-1　主な生化学試薬のモル吸光係数

	λ max〔nm〕	ε
NADH	340	6.220×10^3
NADPH	340	6.22×10^3
FAD	445，366	11.3×10^3（445 nm）
ATP	260	15.4×10^3
S-アセチル-N-アセチルシステアミン	232	4.6×10^3

NADH の 340 nm のモル吸光係数から，NADH 0.1 μmol が容積 3.0 mL に溶解しているときの吸光度を計算する。モル濃度は $0.1 \times 10^{-6}/(3/1,000) = 3.33 \times 10^{-5}$ mol/L となるので，吸光度 $= 3.33 \times 10^{-5} \times 6.22 \times 10^3 = 0.207$ となる（厚さ 1 cm のセルを使用）。

> **分光分析用セル**
>
> 　分光分析試料を入れる容器をキュベットまたはセルという。通常はガラス製であるが，紫外部の吸光度を測定するときは，石英製を使用する。ディスポーザルのプラスチック製を使用することもある。セルは内寸が 10 mm 角，光路長を 10 mm とするものがよく用いられる。光路長 10 mm は変えないで，横幅だけを細くしたものもあり，測定に必要な液量を減らすことができる。

分光分析のまとめ

　分光分析法は，機器分析法の中でも生化学実験で使用される分析法である。3種の利用法を表9-2にまとめた。

表9-2　分光分析法の3種の利用法

目　的	内　容
物質量の定量	ある化合物のある波長（通常は吸収極大を示す波長）における比吸光度が既知である場合，その波長における吸光度を測定して定量する。
反応速度の測定	酵素反応の経過を吸光物質の生成または消失によって測定する。 　　ピルビン酸＋NADH＋H$^+$＝乳酸＋NAD$^+$
化合物の同定	可視部や紫外部の吸収スペクトルによって化合物の同定を行う。

この原理を用いた実験

- 第1章3−4　試料の希釈　……………………… p.18
- 第2章1−2　DNA定量，純度検定および融解温度　… p.22
- 第2章2　　　たんぱく質の抽出と定量　………… pp.25〜27
- 第2章3−2　リゾチーム活性の測定　…………… p.29
- 第2章3−4　CM-Sepharoseカラムクロマトグラフィーによるリゾチームの精製　………………… p.31
- 第3章1　　　反応至適条件　………………… pp.37〜40
- 第3章2　　　補酵素・金属による活性化　…… pp.43〜46
- 第3章3−2　酵素量におけるアルカリホスファターゼの活性測定　……………………… p.50
- 第3章3−3　アルカリホスファターゼ活性の阻害　…… p.52
- 第4章1　　　血　糖　………………………… p.55
- 第4章2　　　中性脂肪　……………………… p.57
- 第4章3　　　総コレステロール　……………… p.59
- 第4章4　　　HDL-コレステロール　………… p.60・61
- 第4章5　　　トランスアミナーゼ　…………… p.64・65
- 第5章2　　　マーカー酵素による各分画の精製度の検定　…………………………… p.68・69
- 第7章2−2　RNA濃度の測定および希釈　…… p.85
- 第7章3−2　アルギナーゼ活性の測定　……… p.91

2. 発色法による生体成分の分析

　生体成分を分析定量することにより，健康状態の把握，疾病の診断，治療，予防に役立てることができる。生体成分の多くは，色を呈していない。このような場合には，目的成分を発色試薬と反応させる発色法をとる。「色素が溶液中に溶解している場合，溶液の色の濃さと溶液中の色素濃度は比例する」というBeerの法則を利用して吸光度を測定し，成分を定量する。

　発色の方法が決定したら，測定に使用する波長を決める。普通，測定波長は吸収極大波長を用いることが多い。いろいろな波長で吸光度を測定し，波長と吸光度の関係をグラフに描く（これを吸収曲線という）ことにより吸収極大波長がわかる。分光光度計には波長を自動的に走査（スキャン）する機能を内蔵したものがあるので，その機能を利用すれば吸収曲線を簡単に描くことができる。

　次に，検量線を作成する。既知濃度の目的成分の標準溶液の濃度を変化させて吸光度を測定する。標準溶液の濃度と吸光度の関係をグラフにしたものが，検量線である。検量線と同様の方法で試料中の目的成分を測定し，その吸光度を検量線にあてはめて濃度を求める。

　例として，グルコースオキシダーゼ法による吸収曲線および検量線をあげる。

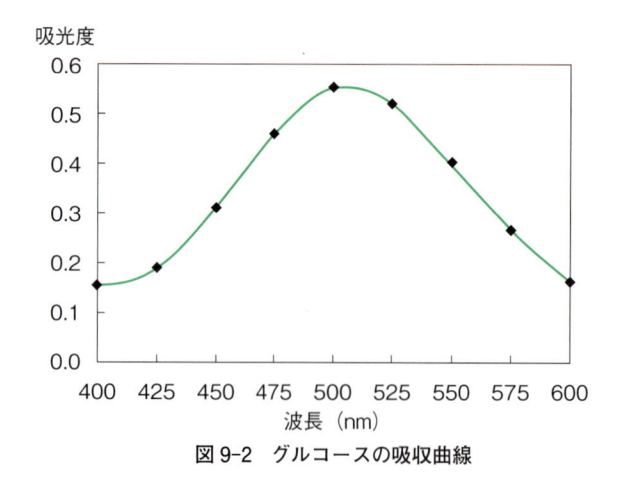

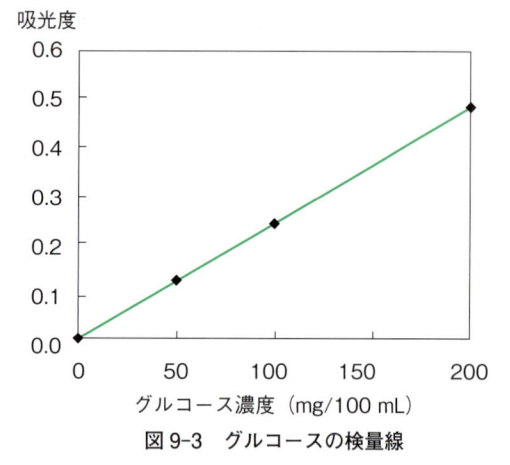

図9-2　グルコースの吸収曲線

図9-3　グルコースの検量線

表9-3　主な生体成分の測定法・発色・測定波長

生体成分	測定法	発色	測定波長
グルコース	グルコースオキシダーゼ法	赤色	505 nm
中性脂肪	グリセロリン酸オキシダーゼ法	青色	600 nm
総コレステロール	コレステロールオキシダーゼ法	青色	600 nm
総たんぱく質	ビューレット法	赤紫色	545 nm
アルブミン	BCG法[*1]	青緑色	630 nm
カルシウム	o-CPC法[*2]	紅色	575 nm
リン	フィスケ・サバロウ法	青色	660 nm

＊1：ブロムクレゾールグリーン法
＊2　o-クレゾールフタレインコンプレクソン法

成分分析には近年，目的成分のみを特異的に測定する酵素を用いる方法（酵素法）が開発され，自動分析機による分析が進んできた。酵素を用いる方法では，最初の目的成分に作用する酵素は測定項目ごとに異なるが，これに続く検出法は共通のものが使用される。すなわち過酸化水素・ペルオキシダーゼ発色反応あるいは酵素の補酵素として使用される NADH（NADPH）の変化量から検出する方法である。ここでは前者の発色法について述べる。

　目的成分あるいはその中間生成物にオキシダーゼを作用させ，生じた過酸化水素にペルオキシダーゼ存在のもとでフェノールと4-アミノアンチピリンを縮合させて赤色色素を生成する。この色素の吸収極大波長である 505 nm の吸光度を測定することにより，目的成分の濃度が求められる。低濃度の生体成分測定の場合，フェノールの代わりに TOOS，DAOS を使用することにより感度を上げることができる。

　臨床検査試薬として，生体成分を測定するキットが試薬メーカーから市販されている。和光純薬工業のキットでは表9-4に示した色素が使用されている。

TOOS（N-エチル-（2-ヒドロキシ-3-スルホプロピル)-m-トルイジンナトリウム）

DAOS（N-エチル-N-（2-ヒドロキシ-3-スルホプロピル)-3,5-ジメトキシアニリン）

2. 発色法による生体成分の分析

表 9-4　色素の発色と波長

測定項目	色素	吸収極大波長（発色）	モル吸光係数（$L \cdot mol^{-1} \cdot cm^{-1}$）
グルコース	フェノール	505 nm（赤色）	6.5×10^3
トリグリセリド	DAOS	600 nm（青色）	8.8×10^3
総コレステロール	DAOS	600 nm（青色）	8.8×10^3
AST, ALT	TOOS	555 nm（青紫色）	2.0×10^4

（Wako 社）

この原理を用いた実験

- 第3章1-1　p-ニトロアニリンの検量線作成 p.37
- 第3章2-1　乳酸脱水素酵素活性に及ぼす補酵素の影響 p.44
- 第4章1-1　ムタローゼ・グルコースオキシダーゼ法による血糖値測定 p.55
- 第4章2-1　グリセロリン酸オキシダーゼ法による中性脂肪測定 p.57
- 第4章3-1　コレステロールオキシダーゼ法による総コレステロール測定 p.59
- 第4章4　　HDL-コレステロール p.60
- 第4章5　　トランスアミナーゼ .... p.64・65

3. たんぱく質精製の原理と応用

　生体内のたんぱく質の構造や機能を研究するためには，目的とするたんぱく質を分離・精製することが必要である。しかしながら，生体細胞からたんぱく質を精製することは非常に困難である。なぜなら，細胞内に存在するたんぱく質の種類は数千～数万種類と多く，それぞれのたんぱく質の存在量はきわめて少ない。そして何より，たんぱく質は細胞外では非常に不安定である。そのため迅速かつ繊細な操作が求められる。

1 たんぱく質を扱う際の注意点

　たんぱく質の分離・精製にあたり，たんぱく質分解酵素（プロテアーゼ）によるたんぱく質の分解には十分注意を払わなければならない。組織中に含まれているプロテアーゼや，混入した細菌によるプロテアーゼにより，目的とするたんぱく質が分解されてしまうからである。プロテアーゼによるたんぱく質の分解を防ぐには，できるだけ低温で操作を行うことはもちろんのこと，フェニルメタンスルフォニルフルオリド（PMSF）のようなプロテアーゼ阻害剤をたんぱく質溶液に加える。また，精製過程でたんぱく質が変性することもあるので，必要に応じてグリセロールやメルカプトエタノールなどのSH試薬を溶液中に加えることもある。

2 細胞からのたんぱく質の抽出

　たんぱく質は細胞中のさまざまな器官に局在しており，まずはこれらの器官ごとに分画する必要がある（「第5章　細胞分画　1. 分画遠心法によるオルガネラの分画」の項を参照のこと）。基本的には肝臓などの臓器をホモジナイザーなどで粉砕後，遠心分離により各器官を分画し，無細胞抽出液とする。また，生体膜に結合した膜たんぱく質は，界面活性剤などにより可溶化しなければならない。

3 塩　　析

　たんぱく質の水溶液に高濃度の塩を加えると，溶解度が減少して不溶性となり沈殿が生じる。沈殿が生じる塩濃度はたんぱく質によって異なる。塩析は，酵素精製の第一ステップとして用いられるのが一般的である。硫酸アンモニウム（$(NH_4)_2SO_4$）は溶解度が大きく塩析効果が大きいのに加え，その溶解度は温度やpHの影響を受けにくいので，最もよく用いられる。

4 カラムクロマトグラフィー

細長いガラス管（カラム）に不溶性の担体を充填し，たんぱく質の混合液をカラムの上部から流す。たんぱく質は担体との相互作用に基づき担体と結合する。次いで，カラムの上部から溶出液を流し，下端からたんぱく質を溶出させる。不溶性の担体としてはデキストラン，アガロース，ポリアクリルアミドなどがある。担体の構造性質などにより以下の種類がある。

（1）イオン交換クロマトグラフィー

たんぱく質の電気的な性質を利用して分離する。いろいろなイオン交換基を結合させたイオン交換体を担体として用いる。イオン交換体は陽イオン交換体と陰イオン交換体とに大別される。

陰イオン交換基
- ジエチルアミノエチル（DEAE）基：$-OCH_2CH_2N(CH_2CH_3)_2$
- 第四級アミノエチル（QAE）基：$-OCH_2CH_2N^+(CH_2CH_3)_2CH_2CHOHCH_3$
- 第四級アンモニウム（Q）基：$-OCH_2CH(OH)CH_2N^+(CH_3)_3$

陽イオン交換基
- カルボキシメチル（CM）基：$-OCH_2COOH$
- スルホプロピル（SP）基：$-OCH_2CH_2CH_2SO_3H$
- メチルスルホネート（S）基：$-OCH_2CH(OH)CH_2SO_3H$

適当な緩衝液で溶解したたんぱく質をカラムの上部から流し，担体と結合させる。その後，塩を含む緩衝液を流すことにより，下端からたんぱく質を溶出させる。

（2）分子ふるいクロマトグラフィー

たんぱく質の分子量に基づいて分離する。ゲルろ過とも呼ばれている。多孔性の網目構造をもつ担体を十分に膨潤させて用いる。適当な緩衝液で溶解したたんぱく質をカラムの上部から流した後，緩衝液を流す。たんぱく質はカラム内部を下へと移動していくが，その際，低分子量のたんぱく質は担体内部に入り込むため流出速度が低下する。逆に，高分子量のたんぱく質は入り込むことができず早く溶出する。つまり，大きなたんぱく質は早くカラムから溶出し，小さなたんぱく質は遅く溶出する。

（3）アフィニティークロマトグラフィー

充填された担体に固定された物質（リガンド）とたんぱく質の特異的相互作用に基づいて分離する。一般的にはアガロースなどの担体にスペーサーを介してリガンドを固定化させたものが多い。リガンドとしてはたんぱく質と高い親和性をもつ基質，基質アナログ，補酵素，阻害剤などが用いられる。例として，ATPやNAD$^+$などのヌクレオチドに親和性をもつたんぱく質の精製に，チバクロンブルーやチバクロンレッドなどの色素を固定化した担体を用いたり，組み換えたんぱく質をHisタグを用いて発現させたたんぱく質の精製に，Ni^{2+}イオンで荷電した担体を用いることがある。たんぱく質と高い親和性をもつ担体を用いるため，非常に特異性の高い精製法となる。

酵素たんぱく質はさまざまな性質をもっているため，上述の過程を組み合わせて精製を行う。精製を進める過程で，全たんぱく質量の定量および酵素活性の測定を行い，収率，純度の計算を行う。電気泳動で単一バンドが得られれば，単一精製が行われていると考えてよい。

（4）疎水性相互作用クロマトグラフィー

タンパク質表面の疎水性の違いに基づいて分離する。疎水性の高いビーズをカラムに充填し，高塩濃度で平衡化した後，タンパク質溶液をカラム上部に添加する。疎水性を強く示すタンパク質はビーズ表

面の疎水性基との疎水性相互作用によってビーズに吸着し，疎水性の弱いタンパク質は吸着されずに通り抜ける。その後，塩濃度を徐々に下げていくと，タンパク質の疎水性が弱いタンパク質から順に溶出される。硫安沈殿やイオン交換クロマトグラフィーの後の精製に適している。

タンパク質の疎水性は，構成するアミノ酸として疎水性アミノ酸であるバリン，ロイシン，イソロイシン，プロリン，トリプトファン，フェニルアラニン，メチオニン，アラニンの含有量によって決まる。また，イオンの種類や濃度によっても影響を受ける。

5 リゾチームについて

リゾチームは，溶菌酵素であり，多くの生物組織や体液中に存在する。卵白中には 0.3 〜 0.4%（卵白全たんぱく質中の 3 〜 4%）含まれており，卵白は入手しやすいことから，卵白中のリゾチームを精製し，その性質や構造に関する研究が詳細に行われてきた。

リゾチームは 129 個のアミノ酸残基からなる 1 本鎖のポリペプチドで，分子量 14,300 の酵素たんぱく質である。リゾチームは，塩基性たんぱく質であるので，塩酸と反応して塩化リゾチームを形成する。

リゾチームは細菌の細胞壁中のムコペプチドなどに存在する N-アセチルムラミン酸と N-アセチルグルコサミンの β (1-4) 結合を特異的に切断する。リゾチームの溶菌性は，*Bacillus* 属，*Micrococcus* 属などのグラム陽性菌に対して作用するが，リゾチームが細胞膜に接近しにくい菌（大腸菌などのグラム陰性菌）には作用しない。そのため，酵素活性は *Micrococcus luteus*（*lysodeikticus*）の濁度の減少で測定される。

リゾチームの製造法は，冷却した卵白中に食塩を 5% になるように添加し，pH を 9.5 に調節後，リゾチームの結晶を少量添加して低温に静置することにより卵白液中にリゾチームの結晶を析出させる「直接結晶化法」と，マイナスの電荷をもち，微細な孔を多くもつ不溶性の担体と卵白たんぱく質を混合させリゾチームを吸着させた後，塩溶液でリゾチームを溶液中に溶出させる「担体吸着法」の 2 通りがある。これらの方法で抽出されたリゾチームは，結晶化を繰り返して精製され，脱塩，乾燥して塩化リゾチームの粉末として得られる。

日本では慢性副鼻腔炎（蓄膿症）の内服治療薬として利用されるほか，薬局で販売される家庭用医薬品にも広く利用され，風邪薬，歯槽膿漏治療薬，点眼薬，トローチなど，リゾチームを配合した医薬品が販売されている。

この原理を用いた実験

- 第 2 章 3 - 3　卵白粗酵素液の硫安分画 *p.30*
- 第 2 章 3 - 4　CM-Sepharose カラムクロマトグラフィーによるリゾチームの精製 *p.31*

4. 電気泳動の原理

　電気泳動（electorophoresis）とは，電荷をもった粒子や分子（たんぱく質や核酸など）を電場の中に置くと，その電荷とは反対の電極の方向に力を受けて，移動する現象のことをいう。電気泳動法は，このときの移動速度の違いを利用して，たんぱく質や核酸などの生体高分子を分離分析しようとする方法である。

　電気泳動には，生体高分子をゲルなどの支持体中を流す方法のほか，ゲルなどの支持体を使わずに水溶液中を自由に流す方法，ゲルの代わりにポリマー入り緩衝液を用いたキャピラリー電気泳動などがある。生化学実験で広く用いられるのは，ポリアクリルアミドゲルやアガロースゲルなどの支持体を用いた電気泳動である。ポリアクリルアミドゲル電気泳動は，主としてたんぱく質やオリゴヌクレオチドなどの分離に用いられるのに対し，アガロースゲル電気泳動は，たんぱく質よりも高分子の DNA や RNA などの核酸の分離に利用されるのが一般的である。

　ゲルを支持体として電気泳動を行った場合，ゲルは網目構造をもつことから分子ふるいとしての役割を果たすため，分子量の大きさの違いによって分離することが可能である（図 9-4）。

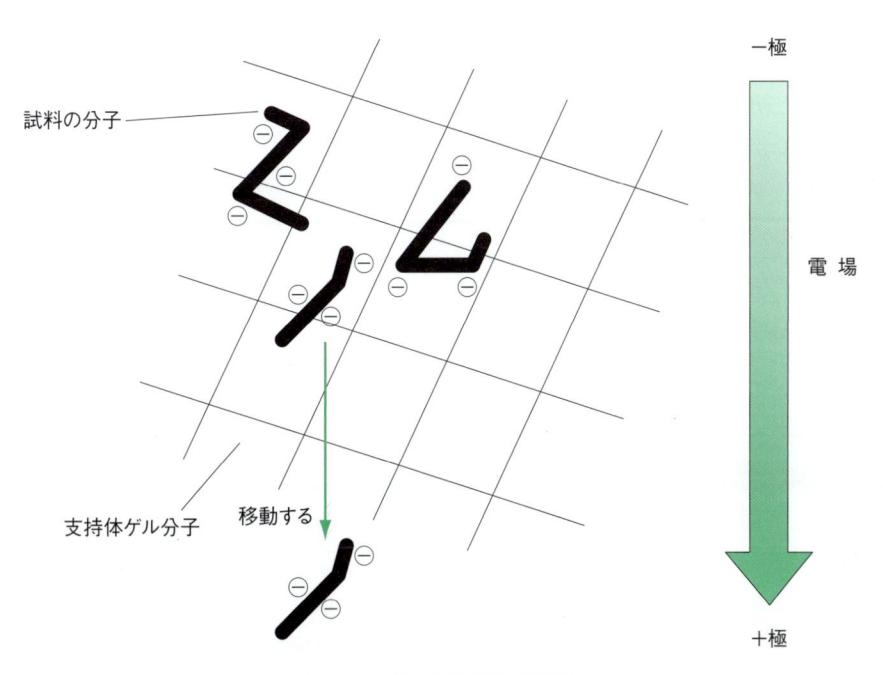

図 9-4　ゲル電気泳動の原理
－の電荷を帯びた電子は，電場の中に置くと，＋の電極の方向に向かって移動する。電荷が同じ場合，質量が小さいほど加速度は大きくなる。支持体のゲルは網目構造をもつことから分子ふるいとしての役割を果たす。

1 ポリアクリルアミドゲル電気泳動

ポリアクリルアミドゲル電気泳動（polyacrylamide gel electrophoresis：PAGE）は，ポリアクリルアミドゲルを支持体とした電気泳動で，主としてたんぱく質の分離や，目的のたんぱく質の細胞内での発現を確認する手段などに用いられる。

たんぱく質を電気泳動する場合は，たんぱく質を変性させて泳動する方法とたんぱく質を変性させずに泳動する方法の二つが知られている。前者の代表例が SDS-PAGE であり，後者の代表例が native-PAGE である。

ポリアクリルアミドゲルは，アクリルアミドとビス-アクリルアミドがラジカル反応によって重合して形成される。アクリルアミドとビス（BIS：N,N'-メチレンビスアクリルアミド）はエチレン系のモノマーで，アクリルアミドだけ重合させると直鎖上の流動ポリマーとなるが，一定の比率でビスを加えて共重合をさせた場合，架橋をつくり網目構造をもつポリマー（ゲル）となる（図9-5）。この網目構造の程度は，ポリアクリルアミドの濃度を調節することによって制御することができる。ポリアクリルアミドの濃度を高くすると網目構造の細かい固いゲルができるので，小さな分子量の範囲で分離したい場合は，ポリアクリルアミドゲルの濃度を高くするとよい（表9-5）。

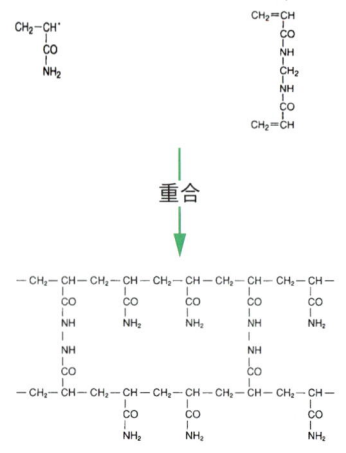

図9-5　ポリアクリルアミドの重合
ポリアクリルアミドは，アクリルアミドとビス（N,N'-メチレンビスアクリルアミド）の重合物である。ポリアクリルアミドは架橋をつくって網目構造をとる。構造からわかるように分子内に解離基がないため，電荷をもたない。

表9-5　SDS-PAGE のゲル濃度と分子量（たんぱく質）

ポリアクリルアミドゲル濃度	明瞭に分離できる分子量の範囲
7.5%	40〜250 kDa
10%	30〜200 kDa
12%	20〜150 kDa
15%	10〜100 kDa

☞アクリルアミドは危険物であり，2-メルカプトエタノールは毒物である。施錠できる保管庫に保存すること。

（1）SDS-PAGE

SDS-PAGE は，界面活性剤であるドデシル硫酸ナトリウム（SDS）を用いてたんぱく質を変性させてから電気泳動を行う。高い分離能をもつことから，たんぱく質の生化学では広く用いられている。

SDS-PAGE では，2-メルカプトエタノール（2ME）あるいはジチオスレイトール（DTT）などの還元剤を用いてたんぱく質を加熱処理することで，たんぱく質の S-S 結合（ジスルフィド結合）を切断し，立体構造を変化させ1本鎖のポリペプチドの状態にしたたんぱく質を試料とする。これに－の電荷をもつ界面活性剤である SDS を加えると，SDS の疎水性部分がポリペプチドの疎水性部分に結合し，全体に強い負の電荷を帯びることになる（図9-6）。このときたんぱく質1 g に対して平均1.4 g の SDS が結合する。アミノ酸の組成に関係なく電荷密度が一定となるため，分子ごとの荷電量がたんぱく質の分子量に比例することになる。たんぱく質の分離はゲル孔を通しての分子ふるいだけに基づくようになるため，たんぱく質の移動度はその分子量のみに依存する（移動速度は分子量の対数に逆比例する）。したがって，分子量が既知のたんぱく質をマーカーとして比較することによって，未知のたんぱく質の分子量を

知ることができる．移動度を分子量の対数値（log）に対してプロットすると，かなりの範囲にわたって直線関係が得られるので，これを検量線として目的のたんぱく質の分子量を求めるとよい（図9-7）．

泳動したたんぱく質のバンドの検出法はいろいろあるが，クマシーブリリアントブルー（coomassie brilliant blue；CBB）染色や銀染色が一般的である．銀染色はCBB染色に比べて感度が10〜100倍高いので，CBB染色では検出できないような微量のたんぱく質の場合に用いられる．

（2）native-PAGE

native-PAGEは，還元剤やSDSを用いずに電気泳動を行う方法である．この方法はSDS-PAGEと異なり，分子量を求めることはできないが，たんぱく質を変性させずに泳動を行うため，たんぱく質の活性

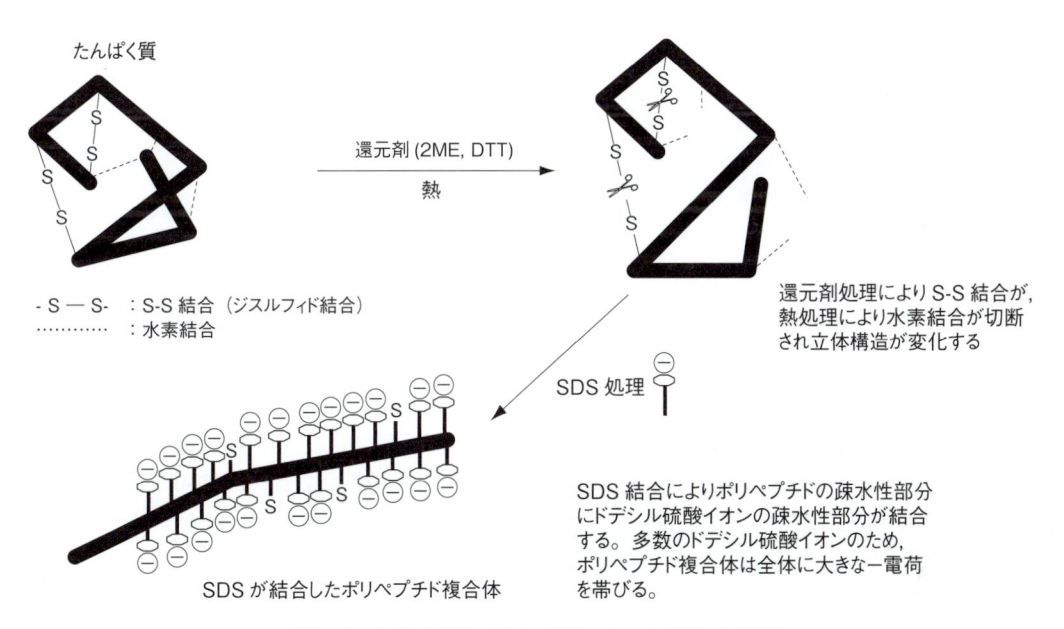

図9-6　たんぱく質のSDS処理による立体構造の変化

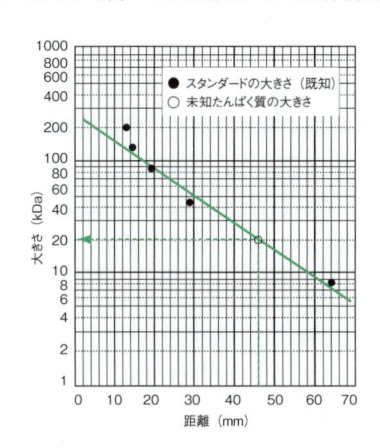

還元剤処理によりS-S結合が，熱処理により水素結合が切断され立体構造が変化する

SDS結合によりポリペプチドの疎水性部分にドデシル硫酸イオンの疎水性部分が結合する．多数のドデシル硫酸イオンのため，ポリペプチド複合体は全体に大きな−電荷を帯びる．

図9-7　たんぱく質の移動度-分子量標準曲線（検量線）
（出典：バイオ・ラッド　ラボラトリーズ株式会社　Bio-rad® Protein Fingerprintingキットカタログ）

マーカー（スタンダード）のたんぱく質の移動距離を測り，片対数グラフの横軸に移動距離，縦軸に分子量をとり，プロットする．これを検量線として目的のバンドの移動距離から未知のたんぱく質の分子量を求める．

を失うことなく分離することが可能となる。電気泳動終了後にゲル上のたんぱく質の活性や酵素活性などを測定するのに適しており，アイソザイムの分析などに用いられる。

2 等電点電気泳動

等電点電気泳動（isoelectric focusing：IEF）は，たんぱく質のもつ等電点（isoelectric point：pI）を利用して分離する方法である。両性電解質であるたんぱく質は，＋の電荷を与える解離基と－の電荷を与える解離基とをそれぞれ1個以上もつ。たんぱく質の電荷は溶液中のpHによって変わるため，全体として＋の電荷と－の電荷が等しくなって電荷がゼロになるpHが必ず存在する。この電荷がゼロになるpHをそのたんぱく質の等電点という。pH勾配をつけた電場でたんぱく質を泳動すると，そのたんぱく質の等電点の位置にきたところで停止するので，等電点の違いによってたんぱく質を分離することができる。

3 二次元電気泳動

二次元電気泳動（two-dimensional gel electrophoresis）は，異なった原理に基づいた2種類の電気泳動を組み合わせた方法である。一次元目に等電点電気泳動，二次元目にSDS-PAGEを行う二次元電気泳動が一般的である。二次元電気泳動は，一度に1,000種類以上のたんぱく質を分離できることから，網羅的な解析に優れている。特にプロテオーム解析を進めていくうえで威力を発揮する。

一次元目の等電点電気泳動では，たんぱく質に固有の等電点で分離を行う。次のSDS-PAGEでは，たんぱく質の分子量の違いを利用して分離を行う。この方法で分離されたたんぱく質は，ゲルごと切り出し質量分析計にかけることによってたんぱく質を同定することができる（図9-8, 9-9）。

4 アガロースゲル電気泳動

たんぱく質の電気泳動では，＋極に向けて泳動するために－の電荷をもつ界面活性剤SDSの処理が必要であったが，2本鎖DNAなどの核酸分子中のヌクレオチドは，－電荷のリン酸基をもっているためSDSを必要としない。しかし，ポリアクリルアミドゲルの孔はDNAの巨大分子を通すには小さすぎるので，孔径の大きいアガロースゲルを利用することになる（数百bp程度であれば，ポリアクリルアミドゲルでも可能であるが，1,000 bpを超える場合はアガロースが適当である）。アガロースは寒天の主要な成分で，β-D-ガラクトースと3,6-アンヒドロ-α-L-ガラクトースがβ-1,4結合した多糖類である。

アガロースゲル電気泳動（agarose gel electrophoresis）の場合もポリアクリルアミドゲル電気泳動と同様，ゲルの濃度によって分離されやすいDNAのサイズが異なるので，DNAの分離能が高くなるようにゲルの濃度を選択する（表9-6）。

1本鎖DNAやRNA（通常1本鎖）の場合は，塩基が対をなしていないことから分子内部で塩基同士が水素結合するため，複雑な立体構造を形成し電気泳動に影響を与えてしまう。したがって塩基対数を測定する場合は，あらかじめ試料調製用バッファーにホルムアルデヒドなどの変性剤を加えてから電気泳動を行うことになる。

泳動後のDNAのバンドの検出法にはいろいろあるが，エチジウムブロマイド（ethidium bromide；EtBr）染色やサイバーグリーン（SYBR® Green）染色などが一般的である。両者ともインターカレーティング蛍光色素で，DNAに結合し，紫外線などにより励起すると蛍光を発する。EtBrは人体に対する影

響として変異原性が指摘されており，取り扱いには十分注意する必要がある。一方，SYBR® Green は EtBr と比較して変異原性が低く，検出感度も高い。

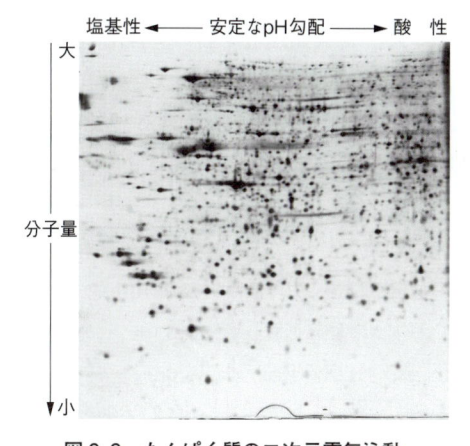

図 9-9　たんぱく質の二次元電気泳動
（出典：バイオ・ラッド　ラボラトリーズ株式会社　2008/09 カタログ）

はじめに左から右に向けて等電点電気泳動を行い，次に上から下に向けて SDS-PAGE を行っている。

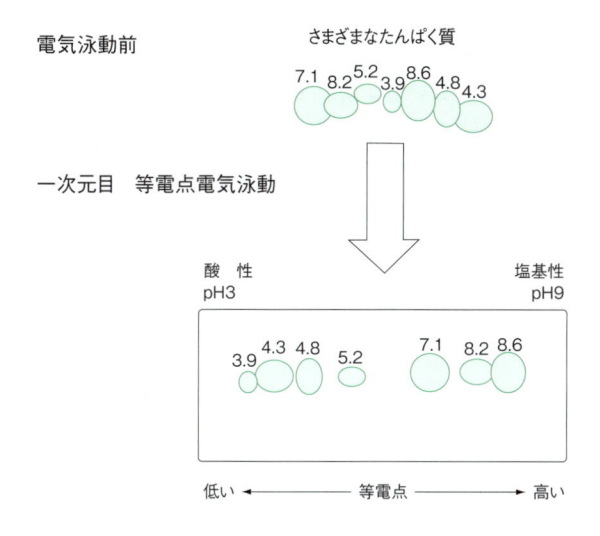

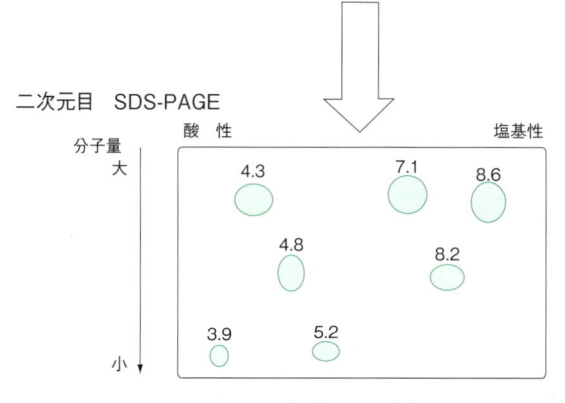

図 9-8　二次元電気泳動の原理

二次元電気泳動は，2 種類の電気泳動を組み合わせた手法で，ゲルの垂直方向と水平方向に向きを変えて泳動を行う。図は，一次元目は等電点，二次元目は分子量の視点でたんぱく質を分離している。

表 9-6　アガロースゲル濃度と塩基対数（DNA）

アガロースゲル濃度	明瞭に分離できる DNA の大きさ
0.6%	1,000 〜 20,000 bp
1.0%	500 〜 7,000 bp
1.5%	200 〜 3,000 bp
2.0%	100 〜 2,000 bp

この原理を用いた実験

- 第 2 章 4 − 2　電気泳動 ……………………… p.33
- 第 2 章 4 − 3　染色および脱色 ……………… p.34
- 第 6 章 1 − 3　アガロースゲル電気泳動による DNA 確認 ……………………… p.73
- 第 6 章 4　　　アガロースゲル電気泳動による PCR-制限酵素断片長多型の判定 ……… p.76・77
- 第 7 章 2 − 4　電気泳動による確認 ………… p.88・89

5. 遠心分離法

　分画遠心とは，細胞内諸成分の遠心力による沈降速度の差を利用して分画するもので，一定の遠心力場の下に一定時間遠心を行い，遠心管の底に沈殿したものと上澄とに分別する。ここで，遠心力の強さは，通常，重力加速度の何倍という形で示され，例えば，10,000 g というように表される。また，5,000 rpm（revolution per minutes：1 分間あたりの回転数）のような回転速度で示されることもある。この回転数と遠心力の間には次の関係が成り立つ。

$$\text{RCF} = 1.118 \times 10^{-5} \times rn^2 \qquad \text{(式 1)}$$

　　RCF：遠心力（relative centrifugal force）。単位は重力加速度 g。
　　n：回転速度。単位は rpm。
　　r：回転半径。単位は cm。

一般には，以下に示すノモグラフを用いて数値が求められる。

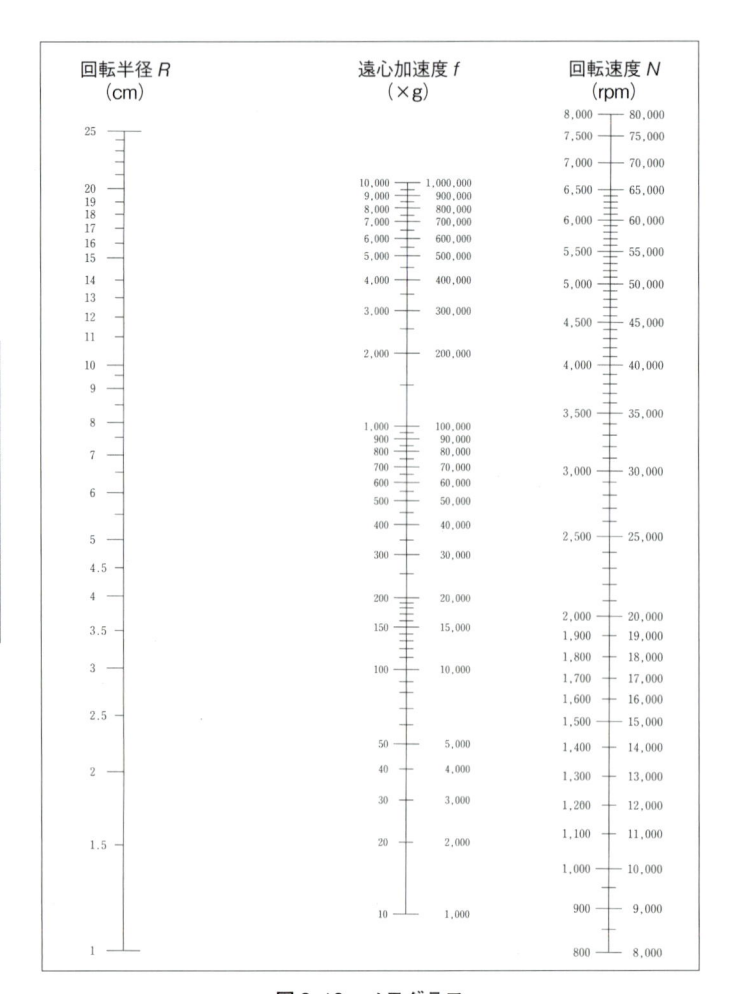

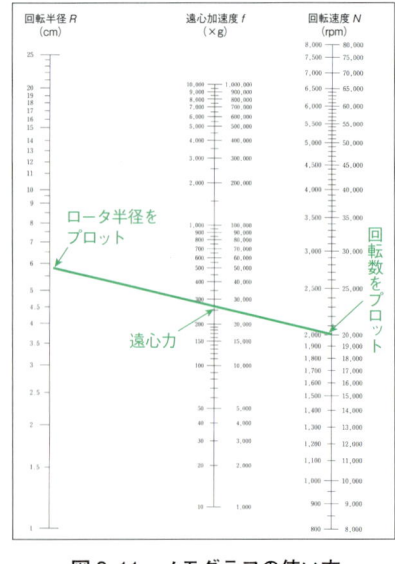

図 9-10　ノモグラフ
（出典：日立工機株式会社　高速冷却遠心機用アングルロータ取扱説明書）

図 9-11　ノモグラフの使い方
回転半径と回転速度を結べば遠心加速度が得られる。
回転速度と遠心加速度の R 度は右側と右側，左側と左側が対応する。

【種類】

遠心機には以下のようなものがあり，それぞれに，冷凍機能付きのものと冷凍機能のないものがある。

1. 微量遠心機：1.5 mL のマイクロチューブを回す。回転数 5,000 ～ 15,000 rpm。
2. 卓上遠心機：10 ～ 50 mL の遠心管を回す。回転数 5,000 rpm 程度まで。
3. 高速遠心機：50 mL の遠心管から 500 mL のボトルを回す。回転数 20,000 rpm 程度まで。
4. 超遠心機：遠心管にはさまざまなタイプがある。回転数 20,000 rpm 以上。

【構造】

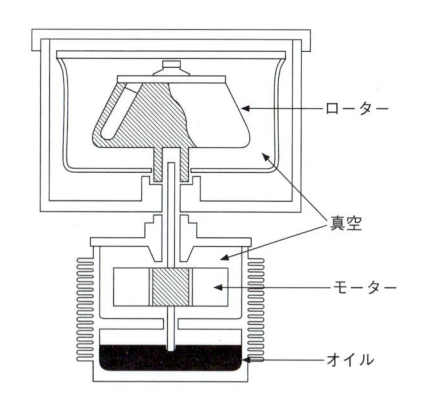

【ローターの種類】

大別して以下の2種類があり，試料の性質や目的によって使い分ける。

・アングルローター：遠心管を斜めに保持する。

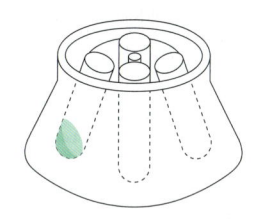

・スウイングローター：遠心管の長軸方向に遠心力と重量の合力がはたらく。

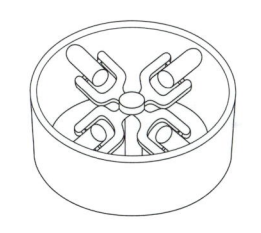

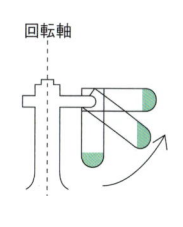

【使用上の注意】

遠心機は高速で回転する。回転軸にかかる荷重がアンバランスな状態にならないよう，遠心管は必ず対称の位置にセットする。

正しい遠心管のセットの仕方（2本，3本，4本，6本）

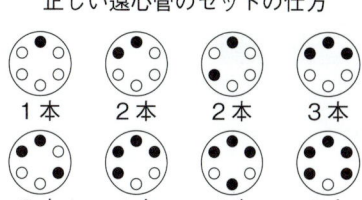

誤った遠心管のセットの仕方（1本，2本，2本，3本，3本，4本，4本，5本）

図 9-12 バランスを考えた遠心管セット

この原理を用いた実験

- 第2章1-1　DNA 抽出 …………………… p.21
- 第2章3-1　卵白粗酵素液の調製 ………… p.29
- 第2章3-3　卵白粗酵素液の硫安分画 …… p.30
- 第5章1　　分画遠心法によるオルガネラの分画 … p.67
- 第6章1-2　口腔粘膜細胞からの DNA 抽出 … p.72
- 第7章2-1　組織からの RNA 抽出 ……… p.83・84
- 第7章3-2　アルギナーゼ活性の測定 …… p.91

5. 遠心分離法

6. 遺伝子多型の検出方法

1 遺伝子多型

　ヒトゲノムは30億の塩基対からなり，体細胞には両親に由来する2セットのゲノムが存在する。ゲノムにはヒトとしての共通部分のほかに，さまざまな変異が存在していることが知られている。ある個人に生じた変異が集団の中で広まり，その集団の中で，1％以上のヒトに変異が認められる場合を多型という。多型には，次にあげる2種類が知られている。

　第一は，1塩基が変異した場合で，1塩基多型（single nucleotide polymorphism），SNP（スニップ）と呼んでいる。変異はプリン同士（A・G）あるいはピリミジン同士（C・T）で起きる場合が多い。変異の程度は1,000塩基対につき1か所程度あると予想されており，ヒトゲノム中における変異の可能性は300万か所に上る。

　第二は，2～4個の塩基を単位として，その配列が数回から数十回繰り返している「繰り返し配列」の繰り返し回数の個人差で，マイクロサテライト多型（microsatellite polymorphism）と呼ばれている。3万～10万塩基対に1か所程度あるとされ，ヒトゲノム中の変異箇所は10万か所程度と見積もられている。

　SNPはゲノムに生じたひとつの塩基の変異で，マイクロサテライト多型より情報量は少ないが，変異数が多く，病気の発症の程度，薬の効き方や栄養素に対する応答の仕方の違いなどと関連していることが明らかになりつつあり，医学・薬学・栄養学の面で注目を集めている。その変異は遺伝子領域だけではなく，遺伝子ではない部分にも認められている（図9-13）。ゲノムのどの部位に生じたSNPかによって，表9-7に示したようにSNPを区別して呼ぶ場合がある。rSNPは発現遺伝子のプロモーター領域に生じた変異で，遺伝子の発現量に差が生じる場合がある。遺伝子の翻訳領域に生じた変異は，広い意味ではcSNPと呼ばれるが，狭義ではアミノ酸置換を生じる変異のみを指し，アミノ酸置換を生じないSNPをsSNPとして区別する場合がある。遺伝子のイントロン部分に生じた変異をiSNP，発現遺伝子の領域ではない部分に生じた変異をgSNPと呼ぶ。

　rSNPによって遺伝子の発現の程度が変わると，合成されるたんぱく質量が変化する。cSNPによって翻訳の結果できるたんぱく質のアミノ酸配列が変わると，たんぱく質の構造が変化し，その結果とし

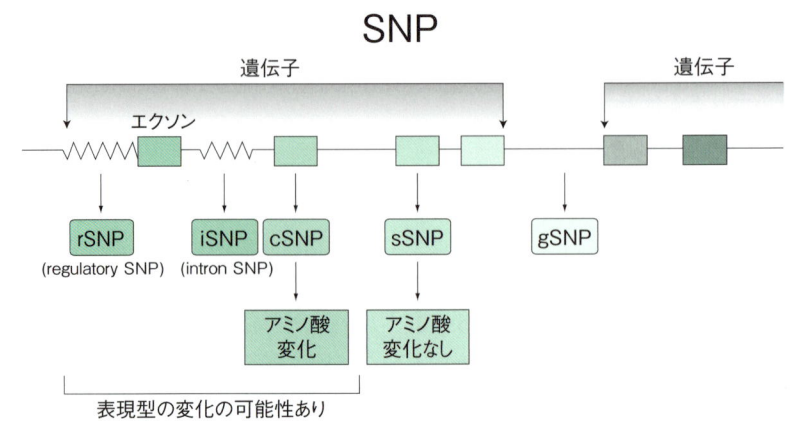

図9-13　SNPの存在部位
（出典：JSNPデータベース）

表 9-7 SNP の種類

略号	英名	変異部位	アミノ酸の置換	表現型変化の可能性
rSNP	regulatory SNP	発現遺伝子のプロモーター領域		あり
cSNP	coding SNP	翻訳領域	別のアミノ酸に置き換わる	あり
sSNP	silent SNP	翻訳領域	アミノ酸は変わらない	なし
iSNP	intron SNP	イントロン領域		あり
gSNP	genomic SNP	発現遺伝子の領域にはない		なし

表 9-8 肥満遺伝子

遺伝子	機能	変異箇所	変異の影響	日本人における変異の割合
β_3-アドレナリン受容体	蓄積脂肪の分解	T189C Trp64Arg	1日あたりの基礎代謝量が200 kcal少ない	34%
脱共役たんぱく質1（UCP1）	ミトコンドリアにおける熱産生	A3826G	1日あたりの基礎代謝量が100 kcal少ない	25%
PPARγ	脂肪細胞分化，レプチン抵抗性，脂肪蓄積	Pro12Ala	脂肪細胞が肥大化する	96%

てたんぱく質の生理機能，酵素の場合は酵素活性が変わる。iSNP はイントロン部分の変異で，スプライシングの結果できる成熟型 mRNA には変異がもち込まれないため，合成されるたんぱく質も変化しない。しかし，iSNP であっても生理的な反応が異なる例が報告されている。

　SNP は糖尿病，高血圧などの生活習慣病の発症のしやすさにかかわっているとされており，いくつかの原因遺伝子が報告されている。肥満にも多くの肥満関連遺伝子が報告されているが，メタボリックシンドロームの発症に関して，遺伝的要因と環境的要因がどのように関与しているかは明らかになっていない。肥満にかかわるとされている遺伝子を表に示した（表9-8）。1963 年，ニールが集団遺伝学の立場から「倹約遺伝子仮説」を提唱した当時は，単なる仮説に過ぎなかったが，ゲノム解析の進展により「倹約遺伝子」の実体が明らかになり，さらにその本質も明らかにされつつある。

2 SNPの検出方法

SNPの検出は，以下に示すように被験者からの試料の提供から始まる。

被験者 → 細胞試料 → ゲノムDNAの抽出・精製 → PCRによるDNA増幅 → SNP検出

SNP検出にはいくつかの方法があるが，ここでは，本実験書でとり上げたPCR-RFLP法について，各段階におけるポイントを解説する。

（1）ゲノムDNAの抽出

　ゲノムDNAは細胞核に含まれているので，核を含む細胞が出発試料となる。血液を試料とする場合は，白血球がDNA抽出細胞となる。血液中に最も多く存在する赤血球には核が存在しないので，DNA抽出細胞とはならない。血液の採取は有資格者でなければできないこと，痛みを伴うこと，また採取された血液がウイルス等に汚染されている危険性があることなどを考慮し，実験では非侵襲的に採取できる口腔粘膜細胞を出発細胞とすることにした。口腔粘膜細胞は唾液中に剥離してくるので，痛みを伴うことなく，非侵襲的に採取することができる。

　細胞からDNAを抽出・精製するプロセスでのポイントは抽出時に混入するたんぱく質をどのように除去し，その後の実験に必要なDNAの品質を確保するかということにある。また，出発細胞が少量であることから，操作過程での試料のロスを最小限に抑えることもポイントのひとつである。

　今回の操作ではまず第一に，共存するRNAをRNase（RNA分解酵素）でリボヌクレオチドに分解する。次に，高濃度の塩溶液中でたんぱく質が不溶性になるという性質を利用して徐たんぱくを行っている。この条件下では，DNAおよびリボヌクレオチド，アミノ酸，多糖類などが遠心後の上澄に回収される。これらの混合物からDNAのみを回収するために，核酸が高濃度の塩溶液中で，アルコールを加えると不溶性になるという性質を利用する。RNAはすでに酵素によってリボヌクレオチドに分解されているため，アルコール溶液中でも可溶性を保つ。したがって，DNAのみが選択的に沈殿として回収される。DNAの純度として$A_{260}/A_{280} = 1.7 \sim 2.0$を目安とする。純度を検定するための分光器によっては多量のサンプルを必要とし，抽出DNAの大半を使ってしまう場合がある。本実験では1％のアガロースゲルを用いて抽出DNAの確認を行っている。

　抽出したDNAは$-80℃$，$-20℃$での冷凍保存，あるいは4℃で冷蔵保存する。いずれの場合も数年間安定して保存できる。冷凍保存したサンプルを使用した後，さらに凍結・融解を繰り返しても使用することができる。

（2）PCRによるDNA増幅

1回のPCR反応に必要なDNA量は10〜20 ngである。反応に使用する各試薬の純度および水の純度が実験の成否を決める。試薬は，耐熱性酵素（Taq）や緩衝液がパッケージになったキットの使用が簡便で，成功率も高い。水は超純水の使用が望ましい。

もうひとつ実験の正否に大きく影響するのが，プライマーである。PCRによって多型部分が増幅されるように設計するだけでなく，ゲノムのほかの部分が増幅されないように設計する必要がある。設計段階でアニーリング温度（Tm）を計算することができるが，予備実験でアニーリング温度を決める必要がある。

PCRではわずかなDNAが100万倍程度に増幅されるので，ごく少量のDNAの混入が結果の精度を大きく左右する。クロスコンタミを予防するためには，試薬調製，DNA抽出，DNA増幅とSNP検出を行うための物理的エリアを分けるのが望ましい。

（3）SNP検出

PCR産物を制限酵素処理をするときのポイントは，制限酵素の使用量，緩衝液，反応時間である。制限酵素と緩衝液がそろったキットを使用するのが望ましく，キットに付属するマニュアルにそって反応時間を決める。

制限酵素処理後のDNA断片は電気泳動によって分離する。100 bp以上であれば，アガロースゲル電気泳動で分離できる。2〜3％のアガロースゲルがよく用いられる。泳動後の検出法としてはエチジウムブロマイドが，感度もよく，安価であることから用いられる場合が多い。ただし，発がん性の疑いがもたれているので，取り扱いに注意し，廃棄処理を確実に行う。

3 遺伝子多型研究と生命倫理

ヒトゲノムにみられるSNPは，テーラーメイド医療での利用が計画されている。また，SNPに基づいた栄養指導が行われる可能性もある。いくつかのSNPに基づいて作成するSNPs地図は，各個人の遺伝子的背景を個別化するのに最適であると考えられ，従来「体質」といわれていた部分を具体的に同定するものと期待されている。標準ヒトSNPs地図を作成するために，精力的に研究が行われ，同定されたSNPは公開されている。標準ヒトSNPではなく，特定の個人に対してSNPを同定するには，個人の遺伝情報に関する扱いに十分な配慮が必要である。

遺伝子多型分析実験・研究は，平成13年に文部科学省・厚生労働省・経済産業省により作成された「ヒトゲノム・遺伝子解析研究に関する倫理指針」（平成26年11月25日一部改正）の趣旨にそった倫理的配慮のもとに行わなければならない。各組織に設置された遺伝子解析研究倫理委員会に所定の手続きをしたうえで，実験や研究を開始する必要がある。

この原理を用いた実験

● 第6章　ヒト遺伝子多型の検出　　　　　　　　　*pp. 72〜77*

7. 遺伝子組み換えの原理

　1970年代の終わり頃に，DNAを化学的に切断する方法でDNAの塩基配列を決定する方法が開発された。さらに，数年後にジデオキシ法というDNA合成酵素を用いた方法が開発され，DNAの塩基配列の決定ができるようになった。また，同じ時期，特定の塩基配列でDNAを切断する制限酵素が発見され，DNAの塩基配列を読んだり，DNAを切断したり，つなぎ合わせたりできる技術が確立された。これらの技術により，遺伝子の塩基配列を知り，遺伝子の人為的加工が可能となった。1982年に遺伝子のデータベース（GenBank）が構築され，世界中で遺伝子の塩基配列情報を共有することができるようになり，1990年にヒトゲノム計画が開始され，2003年にヒトゲノム解析が完成している。

　遺伝情報はDNAの塩基配列であり，塩基配列を知ることができればたんぱく質のアミノ酸配列を予測することができるし，たんぱく質のアミノ酸配列がわかればDNAの塩基配列を予測することができる。たんぱく質のアミノ酸配列は遺伝子に支配されているので，遺伝子をつなぎ換えれば，これまでになかったたんぱく質をつくり出すことができる。また，細胞での遺伝子発現調節は，転写制御領域と呼ばれるDNAの塩基配列に依存しているので，転写制御領域とたんぱく質のアミノ酸配列を決めているDNA（構造遺伝子）をつなぎ換えれば，人為的に遺伝子の発現を調節してたんぱく質をつくらせることができる。このような操作を「遺伝子組み換え操作」と呼んでいる。

1 制限酵素とリガーゼ（遺伝子を切断してつなぐ）

　制限酵素は細菌のもつDNA分解酵素で，細胞内に進入した外来性のDNAを切断することにより細菌での自己防衛の役割を果たしている。制限酵素は2本鎖DNAにある4塩基から8塩基程度の特定の塩基配列を認識して切断する反応を行う。例えば，大腸菌には*Eco*RIという制限酵素があり，2本鎖DNAのGAATTCという配列があると，そこを認識してGとAの間で切断する（図9-14）。このGAATTCの配列に対する相補鎖は，CTTAAGであり，反対方向から読むとGAATTCとなり対称配列を形成している。また，放線菌のあるものは*Sac*Iという制限酵素をもち，GAGCTCの配列があるとTとCの間で切断する。この場合も認識されるのは対称配列で，制限酵素の作用点の特徴である。同じ制限酵素で切断した断面は同じ塩基配列が露出し，リガーゼという酵素を作用させることによりDNAを再結合させることができる（図9-15）。現在までに3,000種類もの制限酵素が同定されており，これらの酵素を組み合わせることでDNAをさまざまな位置で切断してつなぎ換えることができる。

　例えば，プラスミドpGLOにあるたんぱく質の遺伝子を組み込むこととする。pGLOには，マルチクローニングサイトと呼ばれる複数の制限酵素で切断の可能な領域が組み込まれているが，この中から*Eco*RIと*Pst*Iで切断可能な部位をそれぞれの酵素で切断することができる。次に目的とするたんぱく質の遺伝子を同様に*Eco*RIと*Pst*Iで切断し，リガーゼを使ってプラスミドと目的遺伝子のDNAとをつなぎ合わせると，このプラスミドからつくられるあるたんぱく質にはGFPがつながっており（融合たんぱく質），紫外線をあてると蛍光を発する新しいたんぱく質がつくられる。

EcoRI	5'---G▼AATTC---3'	5'---G　　　AATTC---3'	
		3'---CTTAA　　　G---5'	
SacI	5'---GAGCT▼C---3'	5'---GAGCT　　　C---3'	
		3'---C　　　TCGAG---5'	
PstI	5'---CTGCA▼G---3'	5'---CTGCA　　　G---3'	
		3'---G　　　ACGTC---5'	

図 9-14　制限酵素（EcoRI, SacI, PstI）による遺伝子の切断箇所

目的とする遺伝子（青），プラスミド，それぞれを EcoRI で切断する。

切断されたプラスミドと，目的とする遺伝子を混ぜ，リガーゼを加える。

プラスミドに目的とする遺伝子が組み込まれる。

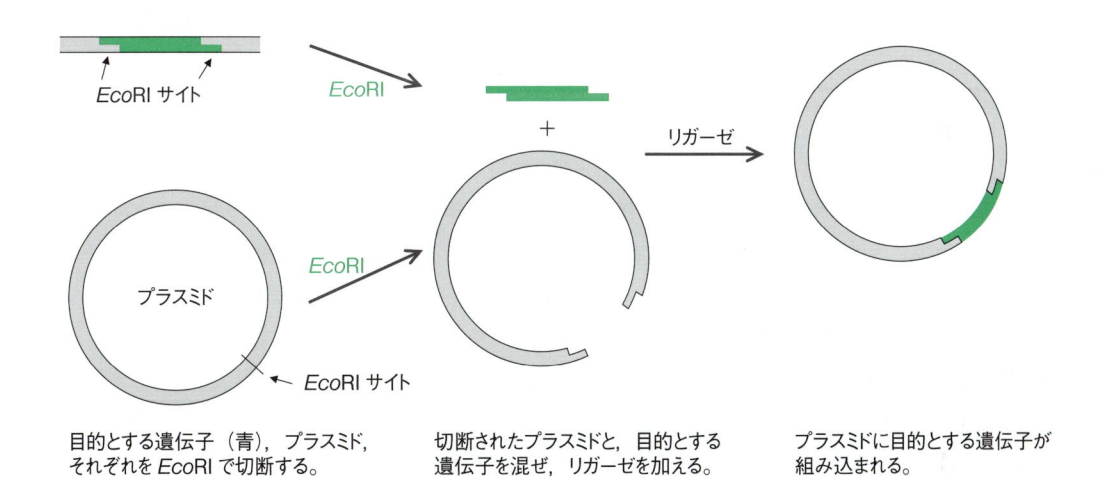

図 9-15　制限酵素（ここでは EcoRI）とリガーゼを使ってプラスミドに目的とする遺伝子を組み込む

2 遺伝子を増やす

　通常の細胞ではDNAが複製されるのは，細胞分裂に必要な場合だけである。DNAを実験的に扱う際にはDNAを大量に複製しなければならない。このために用いられるのが大腸菌にある核外遺伝子であるプラスミドと耐熱性のDNA合成酵素を用いるPCR法である。

　プラスミドは細菌の中にある数千塩基対からなる環状のDNAで，自己複製することができ，1個の大腸菌の中に数個から数百個までコピーされる。プラスミドを大腸菌に感染させて，その大腸菌を増やすことにより，プラスミドを大量に得ることができる。プラスミドを適当な制限酵素で切断し，さらに大量に複製したい遺伝子を同じ制限酵素で切断してからリガーゼでつなぎ合わせて大腸菌に感染させると，増やしたい遺伝子断片は大腸菌の培養によって大量に複製される。

　遺伝子を増幅する方法として，1987年にポリメラーゼ連鎖反応（polymerase chain reaction：PCR）という技術が開発された。この反応は，高温でも安定なDNAポリメラーゼと人工的に合成したプライマーとしての短いDNA鎖を用いて，DNAを複製する実験系である。まず，複製させたいDNA部分の両端に結合できるような塩基配列をもつDNA断片を2種類（プライマー）人工合成させる。複製反応は以下のように温度を変えることによって進めていく。最初に，90℃以上の高温で複製したいDNAを変成させて2本鎖を1本鎖にする。次に温度を50～60℃にすると1本鎖になったDNAにプライマーが結合する。高温で安定なDNAポリメラーゼを72℃付近で作用させるとプライマーからDNAが合成される。さらに合成されたDNAを再び90℃以上の高温にして1本鎖に変成させてから，温度を下げることによりもう一方の端にプライマーを使ってDNAを合成させる。このような温度操作を20～30回繰り返すと，プライマーで挟まれた部分のDNAが大量に複製できる。

3 遺伝子を導入する

　組み換えた遺伝子を細胞に導入するにはいくつかの方法がある。細菌にプラスミドとして遺伝子を導入するには，細菌の細胞膜をプラスミドがとり込みやすいように，カルシウムショックやヒートショックを加え，プラスミドが細胞質で保持されればよい。しかしながら，プラスミドの形で多細胞生物に遺伝子を入れてもそのまま細胞質で保持されることはなく，核にあるゲノムに組み込まれるということが起こらなければならないので，遺伝子導入効率はそれほど高くない（形質転換に必要なプラスミド量が大腸菌の場合に比べて多くなる）。受精卵などの生殖細胞に遺伝子を導入して子孫に伝わるようにした場合をトランスジェニック動物もしくはトランスジェニック植物と呼ぶ。遺伝子を導入するにはプラスミド以外にも，ファージやウイルスに目的とする遺伝子を組み込んで，細胞に導入する方法がある。

この原理を用いた実験

- 第7章2-1　組織からのRNA抽出　　　　　　p.83・84
- 第7章2-2　RNA濃度の測定および希釈　　　　p.85
- 第7章2-3　RT-PCR　　　　　　　　　　　　p.87
- 第8章1　　大腸菌への遺伝子導入　　　　　　p.94・95

文　献

第1章　生化学実験の基礎
2．ピペット操作
●参考文献
- GILSON Pipetman ユーザーズマニュアル
- 飯田　隆・澁川雅美・菅原正雄・鈴鹿　敢・宮入伸一編著：イラストで見る化学実験の基礎知識，丸善，2004
- 河津園子：生活のための食品・栄養学実験，さんえい出版，1992
- (社)日本化学会編著：実験科学講座1　基礎編Ⅰ　実験・情報の基礎　第5版，丸善，2003
- 吉田　勉監修，伊藤順子・志田万里子編著：新しい生化学・栄養学実験，共立出版，2002

3．希　釈　法
●参考文献
- 西山隆造：図解基礎の化学実験法〔Ⅰ〕－化学実験の基礎－，オーム社，1983
- 揚田富子・三谷瑋子・青木智子・加納三千子：新版化学基礎食品学実験，三共出版，1989
- 田中晶善：これならわかる化学実験，三共出版，2006
- 西山隆造・安楽豊満：はじめての化学実験，オーム社，2000
- 廣田才之・浅野　勉他編：栄養生化学実験，共立出版，1997

第2章　生体高分子の抽出と精製
1．DNAの抽出と定量
●参考文献
1) 今堀和友・山川民夫監修：生化学辞典　第4版，東京化学同人，2007
2) 日本生化学会編：基礎生化学実験法　第4巻　核酸・遺伝子実験　Ⅰ基礎編，東京化学同人，2000，pp.46～47，121～122
3) 阿部喜代司・原　諭吉・岡村直道他：臨床検査学講座　生化学，医歯薬出版，2001，pp.280～286
4) 田代　操編著：生化学実験，化学同人，2004，pp.67～69

2．たんぱく質の抽出と定量
●参考文献
3) 阿部喜代司・原　諭吉・岡村直道他：臨床検査学講座　生化学，医歯薬出版，2001，pp.280～286
5) 日本生化学会編：基礎生化学実験法　第1巻　基本操作，東京化学同人，2000，pp.69～71
6) 日本生化学会編：基礎生化学実験法　第3巻　タンパク質　Ⅰ検出・構造解析法，東京化学同人，2001，pp.10～16

4．SDSポリアクリルアミドゲル電気泳動による純度の検定
●参考文献
- 日本生化学会編：基礎生化学実験法　第3巻　タンパク質　Ⅰ検出・構造解析法，東京化学同人，2001，pp.18～21

第3章　酵素活性の測定
1．反応至適条件
●参考文献
- 日本生化学会編：新生化学実験講座　第1巻　タンパク質Ⅰ，東京化学同人，1990
- 日本生化学会編：新生化学実験講座　第1巻　タンパク質Ⅴ，東京化学同人，1991
- 林　淳三編：新訂生化学実験，建帛社，1998

2．補酵素・金属による活性化
●参考文献
- 上代淑人監訳：イラストレイテッド　ハーパー生化学，丸善，2003
- 坂岸良克：臨床化学，医歯薬出版，2001

3．酵素反応の阻害
●参考文献
- 今堀和友・山川民夫監修：生化学辞典第4版，東京化学同人，2007
- 堀尾武一編：蛋白質・酵素の基礎実験法，南江堂，1994

第4章　血液の生化学検査

1．血　　糖
●参考文献
- 浦山　修他：臨床検査学講座　臨床化学検査学　第2版，医歯薬出版，2006

2．中性脂肪
●参考文献
- 伊藤順子他：新しい生化学・栄養学実験，三共出版，2004

3．総コレステロール
●参考文献
- 五島孜郎他：栄養士課程　実験シリーズ3　生理生化学実験，建帛社，2006
- 林　淳三他：新訂生化学実験，建帛社，2004

4．HDL-コレステロール
●参考文献
- 五島孜郎他：栄養士課程　実験シリーズ3　生理生化学実験，建帛社，2006
- 和光純薬工業株式会社　HDL-コレステロールE-テストワコーの取扱説明書

5．トランスアミナーゼ
●参考文献
- 根岸良克他：新訂臨床検査講座　18 臨床化学，医歯薬出版，1999
- 和光純薬工業株式会社　トランスアミナーゼCⅡ-テストワコーの取扱説明書

第9章　生化学実験の原理とデータ処理

2．発色法による生体成分の分析
●参考文献
- 浦山　修他：臨床検査講座　臨床化学検査学　第2版，医歯薬出版，2006，pp.327～347
- 浦山　修他：臨床検査講座　臨床化学検査学　第2版，医歯薬出版，2006，p.73

3．たんぱく質精製の原理と応用
●参考文献
- 日本生化学会編：基礎生化学実験法　第3巻　タンパク質　Ⅰ検出・構造解析法，東京化学同人，2001，pp.41～45，66～76
- 堀越弘毅・虎谷哲夫・北爪智哉・青野力三：酵素　科学と工学，講談社，1992，pp.158～188
- 佐藤　泰・田名部尚子・中村　良・渡辺乾三：卵の調理と健康の科学，弘学出版，1989，pp.209～210

4．電気泳動の原理
● 参考文献
- 日本生化学会編：新生化学実験講座 20　機器分析概論，東京化学同人，1993
- R.K. スコープス：新・タンパク質精製法－理論と実際，シュプリンガー・フェアラーク東京，1995
- 中山広樹・西方敬人：細胞工学別冊　目で見る実験ノートシリーズ　バイオ実験イラストレイテッド　②遺伝子解析の基礎，秀潤社，1995
- 西方敬人：細胞工学別冊 目で見る実験ノートシリーズ バイオ実験イラストレイテッド　⑤タンパクなんて怖くない，秀潤社，1997
- 竹縄忠臣編：実験医学別冊　バイオマニュアル UP シリーズ　改訂版分子生物学研究のためのタンパク実験法，羊土社，2001
- 高木利久監修：これからのバイオインフォマティクスのためのバイオ実験入門　実験の原理から理解するバイオの基礎，羊土社，2002
- B.Alberts, A.Johnson, J.Lewis, M. Raff, K.Roberts, P.Walter：細胞の分子生物学第 4 版，ニュートンプレス，2004
- 田村隆明：バイオ試薬調製ポケットマニュアル　欲しい溶液・試薬がすぐつくれるデータと基本操作，羊土社，2004
- 岡田雅人・宮崎　香編：無敵のバイオテクニカルシリーズ　改訂第 3 版　タンパク質実験ノート上・下，羊土社，2004
- 山本克博編：はじめてみよう生化学実験，三共出版，2008

さくいん

A〜Z

AGPC法	82
AIN-93標準組成	81
BCA法	27
Beckman分光光度計	97
Beerの法則	97,98,100
Biuret法	26
Bradford法	26
CBB	107
CBB法	26
cSNP	112
DAOS	101
DNA	20
DNA抽出	71
DTT	106
*Eco*57I	75
*Eco*RI	117
gSNP	112
HDL	60
HDL-コレステロール	60
IEF	108
iSNP	112,113
Karmen法	62
Lambertの法則	97
LDL	60
Lowry法	25
LPL	56
native-PAGE	106,107
PCR	74,118
PCR法	118
PCR-RFLP	76
PCR-RFLP法	114
PCR増幅産物	75
PCR反応条件	74
PCRプライマー	74
pHメータ	6
pH標準溶液	6
PMSF	102
Reitman-Frankel法	62
RNA	72,108
RNA抽出	81
RNA分解酵素	82
RNase	72
rSNP	112
RT	86
RT-PCR	85
SDS	106
SDS-PAGE	106,108
SDS処理	107
SDSポリアクリルアミドゲル電気泳動	32
SI単位	2,3,65
SNP	71,112,113
――の検出	114
SNPs地図	115
TOOS	101
VLDL	56,60

あ

アイソザイム	47
アガロースゲル電気泳動	76,105,108,115
アガロースゲル濃度	109
アスパラギン酸トランスアミナーゼ	62
アセトアルデヒドヒドロゲナーゼ	78
アドレナリン	54
アニーリング温度	115
アフィニティークロマトグラフィー	103
アプライ	89
アポ酵素	44
アミノ酸代謝	62
アラビノース	92
アルカリホスファターゼ	49
アルギナーゼ遺伝子	81
アルギナーゼ酵素反応	90
アルコールデヒドロゲナーゼ	71
アルデヒドロゲナーゼ	71
アルミブロックバス	3
アングルローター	111
安全の確保	5
安全ピペッター	15

い

イオン交換クロマトグラフィー	103
1塩基遺伝子多型	78
1塩基多型	71,112
1段階希釈	18
1本鎖DNA	108
遺伝子を導入する	118
遺伝子を増やす	117
遺伝子組み換え操作	116
遺伝子多型	72,112
遺伝子導入効率	96
医薬用外危険物	2
医薬用外毒物	2
インキュベーター	3
インスリン	54
インターカレーティング蛍光色素	108

う

ウイルス	118
ウェル	89

え

液体試薬	16
エチジウムブロマイド	108
遠心管のセット	111
遠心分離機	111
塩析	102

お

オルガネラ	66,68
温度管理	3

か

核DNA	20
撹拌	7
カタール	39
ガラス体積計	7
カラムクロマトグラフィー	103
カルシウムショック	118
カルメン単位	65
緩衝液	6,7
環状二重らせん構造	20

き

器具の洗浄	8
危険物管理	5
基質特異性	36
基質濃度	40
希釈	16
――（液体試薬）	17
――（試料）	18
希釈溶液	16
逆転写ポリメラーゼ連鎖反応	85
逆転写酵素	86
キャピラリー電気泳動	105
吸収曲線	100
吸収極大波長	100
競合阻害	53
キロミクロン	56,60
銀染色	107
金属酵素	43

く

クマシーブリリアントブルー	107
繰り返し配列	112
グルカゴン	54
グルコース	54

け

形質転換	92
形質転換効率	96
血液	54
血清乳酸脱水素酵素	47
欠損型	78
血糖値	54
ゲノム	112
ゲノムDNA	20
ゲノムデオキシリボ核酸	71
ゲルローディングバッファー	88
倹約遺伝子	113
倹約遺伝子仮説	113
検量線	100,107

こ

恒温水槽	3
酵素活性	38,39
——の計算例	51
——の測定	51
——の単位	39,65
酵素反応	36,37
酵素法	101
高比重リポたんぱく質	60
国際単位系	2
固体試薬	16
駒込ピペット	11
コレステロール	58

さ

再現性	14
最大反応速度	40
サイバーグリーン染色	108
細胞	66
細胞小器官	66
細胞膜	66
酸化還元酵素	78

し

紫外吸収法	25
色素結合法	26
ジチオスレイトール	106
実験キット	8
実験ノート	4
質量濃度	2
ジデオキシ法	116
試薬	2
重量濃度	2
純水	1
食事たんぱく質	62
触媒作用	36

す

スウィングローター	111
スニップ	71
スピンダウン	83

せ

制限酵素	75,116
制限酵素断片長多型	76,77
清浄度	3
精製	8
精度	14
染色	34,107,108

そ

相補鎖	116
阻害剤	48
測容	6
測容器具	6
疎水性相互作用クロマトグラフィー	103

た

代謝活性	78
体積モル濃度	2
耐熱性酵素	115
脱色	34
段階希釈	18
担体吸着法	104
たんぱく質	24
——の合成	80
——の精製	28,102
——の定量法	24
——の分子量の求め方	35
たんぱく質分解酵素	102

ち

中性脂肪	56
超低密度リポたんぱく質	56
直鎖二重らせん構造	20
直接結晶法	104

て

定性分析	3
定量分析	3
デオキシリボ核酸	20
電気泳動	33,88,105
転写	80
転写制御領域	116
天秤	6

と

等電点	108
等電点電気泳動	108
ドデシル硫酸ナトリウム	106
トランスアミナーゼ	62
トランスジェニック動物	118
トランスジェニック植物	118
トリプシン	36,37

に

二次元電気泳動	108,109
p-ニトロアニリン	37
乳酸脱水素酵素	43
乳酸脱水素酵素活性	45,46

の

濃度変更	16
ノモグラム	110

は

廃液	5
発色法	100
バッファー	6

ひ

ヒートショック	118
比活性	39
非競合阻害	53
ビシンコニン酸法	27
ヒトDNA	71
ヒトゲノム	112
ヒトゲノム・遺伝子解析研究に関する倫理指針	115
ヒトゲノム解析	116
ヒトゲノム計画	116
ピペット	11
ピペットチップ	13
肥満関連遺伝子	113
ビューレット法	26
標準ヒトSNPs地図	115

秤量		6

ふ

ファージ	118
フォワード法	12
プライマー	115
プラスミド	118
プラスミド pGLO	92
孵卵器	93
プランジャーピペット	11
──のデジタル目盛の読み方	12
──の持ち方	13
プレート	93
プロテアーゼ	102
プロテアーゼ阻害剤	102
プロテオーム解析	108
分画遠心	110
分光光度計	97
分光分析法	99
分子ふるいクロマトグラフィー	103
分離	8

へ

ヘトロ	78
変異型	75
ベンゾイルアルギニン-p-ニトロアニリン	36,37

ほ

ホールピペット	11
補酵素	43
保存液	6
──の調製	6
ホモ	78
ホモアルギニン	52
ポリアクリルアミドゲル電気泳動	105,106
ポリメラーゼ連鎖反応	74,117
ホロ酵素	44
翻訳	80

ま

マーカー酵素	68
──の活性測定	68
マイクロサテライト多型	112
マスターミックス	74
マルチクローニングサイト	116

み

ミカエリス定数	40,41,42
ミカエリス-メンテンの式	41
水	1
ミトコンドリア DNA	20

め

2-メルカプトエタノール	106

も

モル	68
モル吸光係数	98
モル濃度	68

や

野生型	75,78

ゆ

融解温度	23
融解曲線	23

有効数字	4

よ

容量検査	14

ら

ラインウィーバー-バークの式	41
ラインウィーバー-バーク二重逆数プロット	48,53

り

リアルタイム RT-PCR	89
リガーゼ	116,117
リゾチーム	104
──の製造法	104
リゾチーム活性	28
リバース法	13
リボ核酸	72
リポたんぱく質	60
リポたんぱく質リパーゼ	56
リボヌクレアーゼ	72
緑色蛍光たんぱく質	92

れ

レポート	9
──の構成	9
──の作成	9

ろ

ロウリー法	25

〔編著者〕

後藤　潔　　聖徳大学人間栄養学部　教授

〔執筆者〕（五十音順）

奥野悦生　　元九州栄養福祉大学大学院食物栄養学研究科　教授
小原　効　　元北海道文教大学人間科学部　准教授
梶田泰孝　　茨城キリスト教大学生活科学部　教授
川口　洋　　くらしき作陽大学食文化学部　教授
髙橋享子　　武庫川女子大学生活環境学部　教授
田中　進　　高崎健康福祉大学健康福祉学部　教授
成瀬克子　　女子栄養大学短期大学部食物栄養学科　名誉教授
林あつみ　　東京家政大学家政学部　教授
矢内信昭　　宮城学院女子大学学芸学部　教授

Nブックス 実験シリーズ
生化学実験

2009年（平成21年）8月10日　初版発行
2021年（令和3年）4月20日　第8刷発行

編著者　後藤　潔
発行者　筑紫和男
発行所　株式会社 建帛社 KENPAKUSHA

〒112-0011　東京都文京区千石4丁目2番15号
TEL（03）3944-2611
FAX（03）3946-4377
https://www.kenpakusha.co.jp/

ISBN978-4-7679-0380-4　C3047　　教文堂／田部井手帳
©後藤潔ほか，2009.　　Printed in Japan
（定価はカバーに表示してあります）

本書の複製権・翻訳権・上映権・公衆送信権等は株式会社建帛社が保有します。
JCOPY〈出版者著作権管理機構　委託出版物〉
本書の無断複製は著作権法上での例外を除き禁じられています。複製される場合は，そのつど事前に，出版者著作権管理機構（TEL 03-5244-5088, FAX 03-5244-5089, e-mail：info@jcopy.or.jp）の許諾を得て下さい。